Wilma Pfeiffer, Walter Stelzle

SALZ MACHT KULTUR

Impressum

Bibliografische Information der Deutschen Nationalbibliothek
Die Deutsche Nationalbibliothek verzeichnet diese Publikation in der Deutschen Nationalbibliografie; detaillierte bibliografische Daten sind im Internet über http://dnb.d-nb.de abrufbar.

Lektorat: Markus Weiglein
Covergestaltung, Grafik und Produktion: Nadine Kaschnig-Löbel
Coverfoto: Shaiith/shutterstock.com
Druck: Floriančič tisk d.o.o.
gedruckt in der EU

ISBN 978-3-7025-1115-9

auch als eBook erhältlich
eISBN 978-3-7025-8115-2

www.pustet.at

Bildnachweis: Wilma Pfeiffer und Walter Stelzle: Seite 10–11, 130, 135; shutterstock.com: Seite12: Arina_B; 17: somsak nitimongkolchai; 56–57: Suprun Vitaly; 58: Rasto SK; 59: Zina Seletskaya; 60–61: Everett Collection; 63: kavalenkava; 106–107: Borisb17; 108–109: Pixel62; 110: Kzeroeuskalduna; 111: JabaWeba; 112–113: BearFotos; 115: Anton Zabielskyi; 117: Lukas Klima – lk_shotz; 122: AliveGK; 124–125: Egeris; 134: saiko3p; 154–155: Michal Sanca; 160: Gaspar Janos; 168: Sergiy Palamarchuk; 174: Jiri Ambroz; 178: Anastasia Kamysheva; 182–183: Sina Ettmer Photography; 190–191: canadastock

Wir bemühen uns bei jedem unserer Bücher um eine ressourcenschonende Produktion. Alle unsere Titel werden in Österreich und seinen Nachbarländern gedruckt. Um umweltschädliche Verpackungen zu vermeiden, werden unsere Bücher nicht mehr einzeln in Folie eingeschweißt. Es ist uns ein Anliegen, einen nachhaltigen Beitrag zum Klima- und Umweltschutz zu leisten.

Wilma Pfeiffer
Walter Stelzle

SALZ MACHT KULTUR

Auf den Spuren des „weißen Goldes“ zwischen Bad Ischl und Bad Reichenhall

VERLAG ANTON PUSTET

INHALT

Vorwort 6

SALZ UND WISSEN 16

„Auf Gold kann man verzichten ..." 18

Alleskönner Salz 20

Alles Salz kommt aus dem Meer 21

Das Salz für die Suppe 28

Pökeln und Suren 38

Salz ist nicht gleich Salz 40

Eine heilende Kraft 43

Sakral und magisch 47

„Namen san Schicksale" 52

MACHT UND WEGE 62

So fing es an ... 64

Das Laugverfahren als Revolution 66

Ohne Holz kein Salz – ohne Wasser kein Holz 68

Die ältesten Pipelines der Welt 73

Streitereien um Macht und Geld 78

Salz zu Wasser und zu Lande 85

Salzstraßen – Autobahnen des Mittelalters 88

„Nahui in Gotts Nam!" 90

KULTUR UND GESCHICHTE 114

Das Salzkammergut 116

Traunfall 118

Traunsee 123

Gmunden 126

Traunkirchen 131

Bad Ischl 136

Hallstatt 156

Das Ausseerland 161

Das Salz der Fürsterzbischöfe 169

Salzburg 169

Hallein und sein einst „salziges" Verhältnis zu Reichenhall 173

Hallein und der Dürrnberg 176

Das bairische Salz 179

Bad Reichenhall und die Salinen 184

Berchtesgaden 192

Unterwegs auf den historischen Soleleitungswegen 197

Nachwort: „Kulturkammergut"? 200

Fachausdrücke 202

Literatur und Quellen 207

Vorwort

SALZ MACHT KULTUR. Ein Titel in Versalien! Weil er in doppelter Bedeutung gelesen werden kann. Einmal mit dem Verbum „macht“, das darauf verweist, dass unsere alpenländische Kultur ohne das Salz nicht so wäre, wie wir sie heute kennen. Zum anderen als Substantiv: Die Herrschaft über das Salz verlieh Macht. Und Macht brachte Reichtum, eine Voraussetzung für die kulturelle und künstlerische Entwicklung.
Bis weit in die Neuzeit war Salz ein seltenes und wertvolles Mittel zum Würzen von Speisen und zur Haltbarmachung von Lebensmitteln. Gleichzeitig weiß man seit je, dass Salz das Lebenselixier der Menschen ist, dass es Gesundheit und Heilung bedeuten, mangelndes Salz aber ebenso Krankheit und Tod mit sich bringen konnte. Salz wurde (und wird) aus dem Wasser der Meere gewonnen und es trat in manchen Gebirgsstöcken der Alpen nahe an die Oberfläche, wo es bergmännisch als Steinsalz abgebaut, über Solequellen gewonnen und an Abnehmer in ganz Mitteleuropa verkauft wurde.

Das große Zentrum der Salzgewinnung in den Ostalpen war die Region rund um Inn und Salzach. Hallstatt mit dem ersten Bergwerk schon vor 3000 Jahren und einer frühen, von den Erlösen des Salzes gespeisten keltischen Hochkultur, der sogenannten Hallstattzeit, gehörte dazu, daneben das Ausseerland und Hallein, Berchtesgaden und Reichenhall. Salzburg führt seine barocke Schönheit auf das Salz zurück, aber auch

Traunstein und Wasserburg oder Gmunden und Ebensee waren eng mit dem Salz verbunden, lagen an den Salzstraßen und schiffbaren Flüssen und stellten ihren aus dem Salzhandel stammenden Reichtum mit vielen bedeutenden Sehenswürdigkeiten zur Schau: Salz – das „weiße Gold". Orte an Salzach, Inn und Donau, an denen die Salzzillen anlegten, oder Städte an den Salzstraßen ins Heilige Römische Reich und zum Bodensee, die mit Saumtieren oder schwer beladenen Fuhrwerken angesteuert und dort mit Zoll belegt wurden: In diesen vom Salz profitierenden Märkten und Städten gibt es heute viele Museen, begehbare Bergwerke, Salinenpfade oder als Wunder der Technik geltende vorindustrielle Pumpwerke, die man neben mittelalterlichen Ortsbildern und kostbar ausgestatteten Kirchen besichtigen, zum Teil erwandern oder mit dem Rad erkunden kann. Selbstverständlich gibt es auch viele Geschichten, Sagen und Anekdoten rund um das „weiße Gold".

Die Kulturreise zum Salz der Ostalpen rund um Inn und Salzach verspricht also mehrfachen Gewinn: Eine sich deutlich steigernde Nachfrage, abhängig von einer wachsenden Bevölkerung, erforderte neue, oft wegweisende Techniken der Salzgewinnung, die man vielerorts noch immer bewundern und zuweilen gar in Aktion besichtigen kann – ein Gang durch die Technikgeschichte vergangener Jahrhunderte, die bis heute nachwirkt. Auf der anderen Seite fanden Reichtum und Wohlstand der Orte an den Wegen des Salzes ihren Ausdruck in sehenswerten Bauwerken, protzigen Häusern von Handelsherren, Macht demonstrierenden Rathäusern, Verwaltungsbauten und natürlich Gotteshäusern, deren Kunstwerke vom Stolz und Geld ihrer Mäzene erzählen.

Etwa ab der Mitte des 19. Jahrhunderts wurde das Thema „Salz", wirtschaftlich und politisch gesehen, unbedeutend. Da im Laufe der letzten knapp 200 Jahre weitere Salzvorkommen entdeckt und die Ausbeutung intensiviert wurde, verlor die Salzförderung um Inn und Salzach seine marktbeherrschende Bedeutung; neue Techniken und neue Brennstoffe verbilligten die Produktion, die Eisenbahn machte den Transport schneller, unkomplizierter und deutlich billiger. Das Salz, das bisher eine dominante, kulturprägende Wirkung ausgeübt hatte, wurde zu einer immer noch wichtigen, aber nicht mehr entscheidenden Nebensache. Seine Relikte und die kulturellen Auswirkungen der mit ihm verbundenen finanziellen Höhenflüge aber dienten hinfort als technische und architektonische Sehenswürdigkeiten für den sich langsam entwickelnden Tourismus, mit dem vor allem das Salzkammergut, aber auch Berchtesgaden und Bad Reichenhall eine neue Identität fanden. Bad Reichenhall, die vormals bedeutendste Salzstadt der Region, wurde zu einem weltbekannten Kurort; Berchtesgaden zog wegen der landschaftlichen Schönheit der Landschaft um den Königssee und der ihr zugeschriebenen Romantik vor allem Maler an; Hallein selbst geriet weitgehend ins Abseits, die Macht des Salzburger Fürstbischofs ließ seine Stadt bis heute dominieren und in künstlerischem und kulturellem Glanz erstrahlen. Das Salzkammergut erlebte als Sommerfrische und Tourismusmagnet einen kaum geahnten Aufschwung. Der war dem Haus Habsburg zu verdanken. Denn Kaiser Franz Joseph verbrachte fast sein ganzes Leben die Sommermonate in Bad Ischl und verlegte die Reichsgeschäfte in dieser Zeit praktisch hierher. Fast selbstverständlich, dass er Regierende, hohen Adel, Geldadel, Wissenschaftler und Künstler in großer Zahl anlockte und damit das Salzkammergut auch zu einem Magnet für Sommerfrischler und später Touristen wurde.

Unsere Kulturreise zum „weißen Gold“ ist nur bedingt nachhaltig. Es kommt hier zwischen Inn und Salzach besonders darauf an, wo genau man den Mittelpunkt für den Urlaub bzw. das Reisevorhaben wählt. Bad Ischl zum Beispiel ist auch verkehrstechnisch das Zentrum des Salzkammergutes. Von hier aus gelangt man mit Bus oder Bahn im Stundentakt in alle wesentlichen

Orte der Ferienregion. Natürlich bieten sich praktisch überall auch öffentliche Verkehrsmittel an, die das Auto ersetzen können. Wir vermögen sie nicht für jeden infrage kommenden Ort einzeln aufzulisten, es sind schlicht zu viele. Auf manche Besonderheiten machen wir Sie, liebe Leserin, lieber Leser, aber natürlich aufmerksam. An jedem der besuchten Orte gibt es Wander- und Spazierwege zum Thema Salz. Wege, die auch in Form einer Bergtour mehrere Tage in Anspruch nehmen können. Und von Ort zu Ort, auch entlang der Salz- oder Salinenwege, sind nicht nur landschaftlich reizvolle, sondern auch interessante Radwanderwege eingerichtet, auf denen Sie die aufregende und abwechslungsreiche Geschichte der Grenzregion erkunden können. Wir geben Ihnen vor allem aber auch Tipps und Informationen zu Relikten, die einen intensiven Einblick in die Lebensverhältnisse der Vergangenheit geben, zu Museen und vielen weiteren Einrichtungen.

Wir wünschen Ihnen Ruhe zum Schmökern und erholsame und interessante Tage im schönen Land rund um Inn und Salzach, im Salzkammergut, im Salzburger Land, im Rupertiwinkel und im Chiemgau.

Ihre Wilma Pfeiffer und Ihr Muck Stelzle,
im Frühjahr 2024

PS: Damit Sie nicht ob der unterschiedlichen „Bayern"-Schreibvarianten in diesem Buch verwundert den Kopf schütteln: Über eintausend Jahre lang, bis 1825, ließ man es mit dem „I" („Baiern") notieren. Dann verpasste der in Griechenland verliebte König Ludwig I. dem Land das „Y". Was vorher bairisch mit „i" war, soll daher auch bairisch bleiben, ebenso alles, was mit bairischer Kultur zu tun hat. Das „Y" steht für das (heutige) politische Bayern.

Foto nächste Doppelseite: Eine frühere Kuranlage – die Trinkhalle in Bad Ischl.

POST·u·TELEGRAFEN-

Von der Kostbarkeit des Salzes

(frei erzählt nach einem sehr alten Volksmärchen)

Es war einmal ein König, der hatte drei Töchter. Er war alt geworden und dachte daran, den Thron einer von diesen zu überlassen. Aber welcher? Alle drei waren jung und hübsch und klug. Da entschied sich der alte König, seine Töchter auf die Probe zu stellen. Er berief eine große Versammlung ein und richtete sich mit folgenden Worten an seine jüngste Tochter: „Sag mir, wie sehr du mich liebst!"

Die Jüngste zögerte nicht lange und sagte: „Ich liebe dich so sehr, wie die Sonne, denn ohne Licht und Wärme kann ich nicht leben."

Das gefiel dem König nicht schlecht.

Dann fragte er seine älteste Tochter: „Sag mir, wie sehr liebst du mich?"

Sie dachte ein wenig nach und sagte: „Ich liebe dich so sehr wie die Luft zum Atmen, denn ohne sie kann ich keinen Atemzug lang leben."

Auch mit dieser Antwort war der König äußerst zufrieden.

Schließlich stellte er die Frage seiner mittleren Tochter.

Diese gab ihm zur Antwort: „Ich liebe dich so sehr wie das Salz."

Der König war entsetzt. „Wie gewöhnliches Salz!", schrie es aus ihm heraus. „Willst du mir sagen, du kannst ohne Salz nicht leben? Ich werde dir zeigen, wie gut man ohne Salz leben kann!"

Er war so erzürnt, dass er seine Tochter aus seinem Königreich verbannte, nur mit den Kleidern, die sie am Leib trug, jagte er sie davon und nichts durfte sie mitnehmen. Er ließ sämtliches Salz aus dem Palast schaffen und untersagte den Handel damit im ganzen Reich.

Die jüngste Tochter war so entsetzt über die Reaktion ihres Vaters, dass sie noch am selben Tag den Heiratsantrag eines Königssohnes annahm, der schon lange um sie warb. Und auch die älteste Tochter war so wütend auf ihren Vater, dass sie ihre bereits geplante Hochzeit mit einem großen Fürsten des Nachbarreiches vorverlegte. So verließen alle drei Schwestern an einem Tag das Schloss und mit ihnen verschwand auch alle Fröhlichkeit, alle Leichtigkeit und jede Freude.

Der alte König blieb alleine in seinem Schloss zurück und sein Leben war traurig und trist. Es tat ihm schon leid, dass er so impulsiv reagiert hatte. Aber das Wort eines Königs hatte zu gelten. Er konnte nicht einfach so wieder zurücknehmen, was er gesagt hatte.

Bald gab es im ganzen Königreich kein Salz mehr. Die Kaufleute blieben aus und es kam große Not über das Land. Schließlich wog man das Salz mit Gold auf. Aber binnen Kurzem bekam man auch für Gold kein Salz mehr. Viele Menschen wurden krank, weil sie kein Salz mehr ergattern konnten. Auch der alte König wurde krank. Die große Einsamkeit erdrückte ihn und das Essen ohne Salz schmeckte ihm überhaupt nicht.

Drei Jahre waren schon vergangen, da erfuhr die mittlere Tochter von der Krankheit ihres Vaters.

Sie hatte schon längst den König eines blühenden Reiches geheiratet. Man erzählte, dass es durch den Vorschlag seiner Frau, Salz aus dem Berg abzubauen, zu solchem Reichtum und Wohlstand gekommen war. Es war ein reger Handel entstanden und viele Kaufleute reisten an, um Salz zu kaufen.
Die verstoßene Tochter reiste sofort zu ihrem Vater, gab sich jedoch anfänglich nicht zu erkennen, sondern würzte nur heimlich die Suppe mit Salz. Schon beim ersten Löffel rief der Vater beglückt aus: „Die Suppe schmeckt mir wieder!"
Da erkannte der König seine mittlere Tochter und schloss sie glücklich in die Arme.
Bald war der Vater wieder gesund und es wurde ein großes Fest der Versöhnung gefeiert, zu dem auch die ältere und jüngere Schwester gerne kamen. Doch keine seiner Töchter wollte das Reich übernehmen und die Krone erben. So regierte der König ganz alleine bis ans Ende seiner Tage.

SALZ UND WISSEN

„Salz ist von den reinsten Eltern geboren, der Sonne und dem Meer."

Pythagoras von Samos (ca. 570–510 v. Chr.)

„Für den ganzen Körper ist nichts nützlicher als Salz und Sonne."

Plinius der Ältere (23/24–79 n. Chr.)

„Auf Gold kann man verzichten ..."

Was soll am Salz schon Besonderes sein? Der Salzstreuer steht am Esstisch und wird immer wieder nachgefüllt. Zum Konservieren gibt es Kühlschrank und Tiefkühltruhe und eine ganze Reihe weiterer Möglichkeiten. Salz hat seinen selbstverständlichen Platz in der Küche und ist deshalb auch kaum des Nachdenkens wert. Es ist Bestandteil vieler Fertigprodukte, oft auch da, wo wir es kaum vermuten. Heute ist Salz ein Billigprodukt, es fällt nur auf, wenn es einmal fehlt. Im Gegenteil: Gesundheitsbewusste sagen, wir essen zu viel davon und empfehlen, den Salzstreuer vom Esstisch zu verbannen. Denn zu viel Salz sei ungesund. Was denn nun?

Salz ist im wahrsten Sinne des Wortes ein „Lebensmittel" – ein „Mittel zum Leben". Der Ostgote Cassiodor schrieb im 6. Jahrhundert: „Auf Gold kann man verzichten, nicht aber auf das Salz." Es ist nicht nur gesund, sondern lebensnotwendig für unsere Existenz, für unser Überleben. Aber wie Vieles im Leben hängt sein Nutzen vom richtigen Maß ab.
Unser Schweiß, Schleim, unsere Tränen, ja sogar das Blut sind mit Salz angereichert. Wenn wir Wasser trinken, um den Durst zu löschen, muss es im Magen erst mit Salz angereichert werden, damit wir es verarbeiten können. Mit unseren Körperflüssigkeiten scheiden wir ständig Salz aus. Deshalb müssen wir es kontinuierlich ersetzen.
Salz dient aber auch auf andere Weise unserem Wohl. Es hilft, Krankheiten zu kurieren. Schon seit der Antike weiß man von seiner heilenden Kraft. Salz ist Bestandteil vieler alter Hausmittel, die von Generation zu Generation weitergegeben worden sind. Heute basieren tausende verschiedene Arzneimittel auf diesem Mineral und seinen Bestandteilen Natrium und Chlor. Salzhaltige Luft hilft bei Atemwegserkrankungen und Solebäder lindern oder heilen Hautkrankheiten – auch im

Foto Seite 17: Salzgewinnung im Meer.

rheumatischen Formenkreis werden sie erfolgreich eingesetzt. In unseren Tagen wird das allermeiste Salz aber von der Industrie gebraucht. Kaum ein Kunststoff, der nicht auf Chlor als Bestandteil des Salzes basiert – ohne Salz gäbe es daher keine funktionsfähigen Computer. Daneben dient Salz als Viehsalz, denn Tiere brauchen Salz so notwendig wie Menschen. Oder es hilft als Streusalz, unsere Straßen eisfrei zu halten.
Aufregende Geschichten also, die im Thema Salz verborgen liegen und die es sich lohnt aufzudecken, denn sie sind integraler Teil unseres Lebens, auch wenn wir nie darüber nachdenken.

Warum aber „weißes Gold“? Das für alle Menschen lebensnotwendige Salz gab es bis weit ins 19. Jahrhundert nicht überall einfach und schnell zu erwerben. Deshalb machte es die Menschen reich, die über diesen Bodenschatz verfügten und ihn an jene, die keinen Zugang dazu hatten, liefern und verkaufen konnten. Vor etwa 3000 Jahren zum Beispiel entwickelte sich aus einer kleinen keltischen Siedlung am Hallstätter See eine Kultur, die über große Teile Europas wirkte, einer ganzen Epoche, der Hallstattzeit, den Namen gab und auf dem Fund und dem bergmännischen Abbau von Salz basierte. Salz machte die alten „Hallstätter“ reich. Den Luxus, den sie sich mit kostbaren Gütern von weither, aus dem Mittelmeerraum und aus nördlichen Ländern, leisteten und der gegen Salz eingetauscht wurde, kann man heute noch in vielen Museen bewundern. Im Laufe der Jahrhunderte fand man in den Bergen der Umgebung, man könnte sagen, rund um die nachmalige Stadt Salzburg, weitere große Salzlager, von denen aus man die Regionen Mitteleuropas, in denen es kein Salz gab oder es noch nicht gefunden worden war, versorgen konnte und reich darüber wurde.

Geschichte und Geschichten um das Salz reichen weit in die Vergangenheit zurück. Sie haben das wirtschaftliche, soziale und politische Leben in weitem Umkreis beeinflusst. Salz prägte die Landschaften um Inn und Salzach und das Leben ihrer Bewohner seit alters her. Das kostbare „weiße Gold“ wurde rund um Inn und Salzach, genauer zwischen Traun und Traun – der österreichischen vom Hallstätter See über den Traunsee bis zur Donau und weiter ins Habsburgerreich und der bayerischen Traun, die das Holz aus den Bergwäldern von Ruhpolding und Inzell in die Saline von Traunstein schwemmte – gefördert und transportiert. Dies alles brachte seinen Besitzern, den Habsburgern und Wittelsbachern, aber auch den Salzburger Fürsterzbischöfen, die in der Region über das Salzmonopol verfügten, hohen Gewinn. Aber nicht nur ihnen. An jeder Grenze, an Brücken, an den Toren von Städten und Märkten musste Zoll oder Straßengebühr (Maut) entrichtet werden – das machte damit ebenso die an den Transportwegen des Salzes liegenden kleineren Herrschaften, die Märkte und Städte, wohlhabend oder gar reich.

Alleskönner Salz

Weltweit wurden im Jahr 2022 nach Schätzungen etwa 290 Millionen Tonnen Salz gefördert. Das ist, um einen drastischen Vergleich des Schriftstellers Alfred Komarek zu bemühen, etwa ebenso viel, wie die gesamte Weltbevölkerung zusammen wiegt. Lediglich etwa 5 % davon dienen der Ernährung der Menschen. Der Rest findet als Industrie-, Gewerbe- und, in kleinerer Menge, als Viehsalz oder Streusalz bei vereisten Straßen Verwendung. Als aus Salz (Natriumchlorid) gewonnene Verbindungen, etwa Soda (Natriumcarbonat), oder als Chlorgas aus der Salzelektrolyse steckt es in unzähligen Produkten, die aus unserem Leben nicht mehr wegzudenken sind. Dazu zählen etwa: Backpulver, Klebstoffe, Waschmittel, hochreines Silicium (Grundlage für alle Formen der Mikroelektronik, z. B. Computer),

Pfannenbeschichtungen, alle Formen von Servicekarten (vom Ausweis bis zur Bankkarte), PVC (der weltweit am meisten eingesetzte Kunststoff) und andere, Leim, Seife, Atemmasken, Zündhölzer, Zahnseide, Fotografien, einige 10 000 verschiedene Arzneimittel, isotonische Kochsalzlösungen für Infusionen, Wasch- und Putzmittel. Salz dient auch zur Herstellung von Papier, als Bleichmittel, zur Kühlung von Eiscreme und auch als Frostschutzmittel, Düngemittel, Gerbmittel von Leder, zur Stahl- und Aluminiumherstellung – und für vieles, vieles mehr.

Alles Salz kommt aus dem Meer

Ganz egal, ob Salz als Würzmittel heute als Meersalz, Steinsalz oder Siedesalz auf den Tisch kommt oder für viele andere Anwendungen genutzt wird – alles ist Meersalz! Es kann direkt aus dem Meer gewonnen werden, als Steinsalz abgebaut oder aus Sole getrocknet. Auch für spezielle Steinsalze wie Inka-Salz, Hawaii-Salz, Lava-Salz oder das rosafarbene Himalaya-Salz, das nicht nur in Pakistan, sondern auch in Polen abgebaut wird, gilt: Alles kommt ursprünglich aus dem Meer. Für die heute in der Küche so begehrten Spezialsalze werden nur geringfügige restliche Mineralien im Salz belassen. Es ist nicht gereinigt und hat deshalb zuweilen keine rein weiße Farbe. Auch der besondere Geschmack resultiert aus geringfügigen Mengen dieser Nebenstoffe, die früher einmal den Preis gemindert haben.

Es gab eine Zeit und sie ist schon sehr, sehr lange her, da war unser heutiges Europa im Wesentlichen von zwei riesigen Meeren bedeckt: dem Zechstein-Meer und dem Tethys-Meer. Mitteleuropa war Teil des Riesenkontinents Pangaea und befand sich damals etwa am Äquator. Das Klima war entsprechend arid, heiß und trocken. Lagunen und flache Teile dieser Meere wurden von der starken Sonneneinstrahlung ausgetrocknet, das Salz lagerte sich in dicken Schichten am Meeresboden ab. Vor ca. 250 Millionen Jahren begannen sich die Erdplatten zu bewegen. Das, was Europa und Afrika werden sollte, driftete nach Norden an seinen heutigen Platz. Die dicken Platten mit dem seit Millionen Jahren auskristallisierten Salz senkten sich in die Tiefe der Erde und härteten sich unter dem lastenden Druck zu Gestein.

Vor etwa 60 Millionen Jahren kam es in unseren Breiten zu einer weiteren tektonischen Verschiebung der Erdoberfläche. Die Kontinente drückten aufeinander, unter dem gewaltigen Druck falteten sich die Alpen auf. Salz, Tonschichten und die Steinformationen des Untergrundes begannen sich zu bewegen. Sie vermischten sich und wurden nach oben gedrückt. An manchen Stellen trat Salz sogar bis an die Erdoberfläche. Im Norden Mitteleuropas war von diesen gewaltigen Bewegungen nicht so viel zu spüren. Das Salz blieb an Ort und Stelle, in einer Tiefe von mehreren hundert oder tausend Metern. Man fand es erst in jüngster Vergangenheit mit neuen technischen Möglichkeiten der Geologie. Meist ist sein Abbau in dieser Tiefe heute noch unrentabel.

Die Region der Ostalpen, in denen das Haselgebirge, wie man die mit Ton, Mineralien und Gestein vermengten Salzlagerstätten nennt, am häufigsten oberflächennah zu finden ist, liegt etwa zwischen Hall in Tirol und Altaussee. An manchen Stellen trat reines Steinsalz sogar bis an die Oberfläche. In diesem Umfeld hat man wahrscheinlich schon vor 5 000 oder 7 000 Jahren, ganz sicher und nachweisbar aber vor mehr als 3 000 Jahren das begehrte Mineral entdeckt und bergmännisch abgebaut. Die Spuren von tausenden Jahren Salzgeschichte sind hier zu finden. Und sie sind faszinierend. Entdeckt wurde dieses Salz wahrscheinlich durch die Beobachtung von Tieren, die immer

wieder an denselben Stellen am Gestein leckten und so ihren Bedarf an Salz deckten.
Aber eines ist bei all unserem Wissen immer noch nicht geklärt: Wie kam das Salz in das Meer? Wissenschaftler vermuten, dass sich Gestein zersetzt und über Jahrmillionen Salz freigesetzt hat, das sich im Meer löste und immer wieder auch am Meeresgrund ablagerte. Diese Vorstellung aber ist vergleichsweise banal und keinesfalls bewiesen.

Mühle, Mühle, mahle mir …

(frei nach einem norwegischen Märchen)

Da lebten einmal vor langer Zeit diese beiden Brüder. Sie waren so unterschiedlich wie Tag und Nacht. Der eine war geizig, der andere freigiebig. Der Geizige hatte den riesigen Bauernhof von den Eltern geerbt und der Freigiebige nur einen kleinen Kartoffelacker, auf den er sich eine kleine Holzhütte bauen musste. Also war der Geizige reich und der Freigiebige arm. Der Arme hatte vierzehn Kinder und der Reiche hatte keines. Also war der Arme wenigstens reich an Kindern.
Zu Weihnachten hatte der Kindeerreiche keinen Bissen zu Essen in seinem Haus und schweren Herzens bat er seinen geizigen Bruder um etwas Nahrung für seine vierzehn kleinen Mäuler. Er wusste nämlich, dass er und seine Frau Essenskörbe vorbereiteten, die sie am Christtag, vor den Augen der ganzen Gemeinde, an die Armen verteilen wollten. Es sollten sich nur ja alle davon überzeugen können, wie wohltätig der Reiche war. Seinem armen Bruder wollte er aber nichts

davon abgeben, vor allem, wenn kein Mensch zugegen war, der es weitererzählen und ihn dafür loben und preisen konnte.

„Dann bleibt mir nichts anderes übrig, als mich auf die Straße zu setzen und zu betteln", sagte der arme Bruder traurig.

Für den Geizhals war aber noch schlimmer, wenn die Leute sich erzählten, dass der reiche Bauer einen Bruder hatte, dem er nichts abgab und der deswegen betteln musste. Zwar zeterte und schimpfte er vor Ärger, holte aber letztendlich doch einen der großen Fresskörbe, die für die Armen schon vorbereitet waren, aus der Speisekammer und sagte: „Das ist das letzte Mal, dass du etwas von mir bekommst, hörst du? Und ich gebe dir den Korb nur, wenn du mir etwas versprichst."

Der arme Bruder streckte schon die Arme aus, in Erwartung eines wunderbaren Weihnachtsessens, und versicherte dem Geizhals: „Ich verspreche dir alles, was du willst!"

Da warf ihm der Bruder den Korb hin, rief „Dann geh damit zum Teufel!" und schlug ihm die Tür vor der Nase zu.

Verdutzt hielt jetzt der Arme den Korb in der Hand, in dem die ganzen Köstlichkeiten schon so gut dufteten, dass ihm das Wasser im Mund zusammenlief. Doch er sagte sich: „Was man versprochen hat, soll man auch halten. Deshalb werde ich mit dem Korb in der Hand zum Teufel gehen, kurz ‚Hallo!' sagen und dann nach Hause zu meinen Kindern und zu meiner Frau."

Gesagt, getan.

Der arme Bruder, der auch ein wenig naiv war, muss man schon sagen, ging guten Mutes einige Stunden lang geradeaus und dachte, irgendwann werde er schon beim Teufel landen. Als er schon ganz müde und erschöpft war, kam er an eine Lichtung, wo eine alte Frau vor ihrer Hütte saß.

„Was führt denn dich in diese gottverlassene Gegend?", fragte sie den Mann mit dem Korb in der Hand verwundert.

Der gab bereitwillig über sein Vorhaben Auskunft, dem Teufel kurz „Hallo" sagen zu wollen und fragte, ob sie nicht den Weg zur Hölle kenne.

Die Alte lachte, sie wusste den Weg: „Es ist nicht mehr weit, du musst nur mehr sieben Minuten geradeaus gehen, dann kommst du zu einer steilen Treppe aus schwarzen Kohlen, die dich tief hinunter zum Eingang der Hölle führt."

Der arme Bruder bedankte sich, wollte keine Zeit verlieren und sich gleich auf den Weg machen, um am Abend vor Einbruch der Dunkelheit wieder zu Hause zu sein.

Die Alte hielt ihn nicht auf, gab ihm aber noch einen guten Rat mit auf den Weg: „Der Teufel wird dir deinen Korb abkaufen wollen. Sag, du willst dafür die kleine Kaffeemühle, die am Nagel neben der Tür hängt. Damit machst du ein gutes Geschäft."

Der Vater von 14 Kindern beteuerte, dass er den Korb keinesfalls hergeben wolle.

Die Alte lachte wieder und der Arme machte sich endlich auf den Weg.

Tatsächlich fand er nach sieben Minuten Fußmarsch alles so vor, wie es die Frau beschrieben hatte. Er stieg die steile Kohlentreppe hinunter und klopfte beherzt an dem wuchtigen Eisentor. Es dauerte keine Sekunde, da ging schon das vergitterte Fenster des

Tores auf und eine hässliche Teufelsfratze starrte den erschrockenen Mann böse an und fragte mit grimmiger Stimme: „Was willst du, verlorene Seele?"
Eilig und freundlich entgegnete der gleich: „Entschuldigen Sie bitte die Störung. Ich wollte nur kurz ‚Hallo' sagen, weil ich es meinem Bruder versprochen habe."
Der naive Bruder stand also da, sagte kurz „Hallo!", winkte, murmelte vor sich hin „So, das habe ich jetzt erledigt", drehte sich auf dem Absatz um und wollte sich wieder davonmachen. Doch da hatte sich der arme Mann leider verrechnet. Natürlich ließ der Teufel ihn nicht einfach so gehen und wollte ihm unbedingt seinen Korb abkaufen. Als sich der Familienvater weigerte, drohte der gemeine Teufel, ihn mit Haut und Haar samt dem ganzen Korb aufzufressen, nachdem er ihn ein paar Stunden in der Hölle hat schmoren lassen, damit er auch schön knusprig ist. Denn knuspriges Männerfleisch schmeckte ihm am besten, dem Teufel.

Lange Rede, kurzer Sinn: Nach weiteren sieben Minuten war der vor Angst schlotternde Mann wieder zurück bei der Alten auf der Lichtung. Es war noch gerade so gut ausgegangen. Der Teufel hatte ihm, auf sein Verlangen hin, die kleine Kaffeemühle im Tausch gegen den Korb gegeben und böse gesagt: „Konnte die Alte wieder ihr Maul nicht halten!"
Es verhält sich nämlich so, dass die menschlichen Köstlichkeiten nur dann ihren Geschmack und die jeweiligen Aromen behalten, wenn der Teufel sie den Menschen abkauft.
Die Alte lachte herzlich, als sie das hörte, und sagte: „Glaube mir, junger Mann, das war kein schlechter Tausch."

Sie wusste nämlich, dass es sich bei besagter Mühle um eine Zaubermühle handelte! Kaum hatte die Frau dreimal die Mühle umgedreht und dazu den Spruch „Mühle, Mühle mahle mir ein festliches Essen – jetzt und hier!" gesagt, da wurde der Tisch mit allen nur erdenklichen Köstlichkeiten voller und voller.

Nach einer Weile sprach die Alte: „Mühle, Mühle, stehe still, weil ich nichts mehr haben will." Da hörte die Mühle auf, Essen hervorzubringen und die beiden hielten ein wahres Festmahl.

Als sie sich die Bäuche vollgeschlagen hatten, lief der arme Bruder nach Hause, so schnell ihn seine Beine tragen konnten. Was war das für eine Freude, als er vor den Augen seiner 14 Kinder und seiner Frau nicht nur das beste Weihnachtsessen aller Zeiten hervorzauberte, sondern auch Winterschuhe, warme Pullover, Schals, schöne Kleider, Betten und alles, was sie brauchten. Fortan ging es der Familie gut.

Irgendwann stand der reiche Bruder vor der Tür und wollte die Wunschmühle haben. Weil der arme Bruder sehr dankbar war und auch ein gutes Herz hatte, vielleicht sogar ein zu gutes, gab er ihm die Mühle und verriet ihm den Spruch: „Mühle, Mühle mahle mir."

Der reiche, geizige Bruder aber hatte solche Angst, dass er die Mühle wieder zurückgeben musste und hörte gar nicht mehr zu, als der freigiebige Bruder ihm noch erklären wollte, wie man die Mühle wieder zum Stehen bringt. Er fuhr weit, weit weg, bis zum Meer. Dort nahm er ein großes Schiff und fuhr damit hinaus.

„Ich werde mir einfach das Schiff voller Salz zaubern und es verkaufen. Das ist leichtere Arbeit, als sich auf dem Bauernhof abzumühen", dachte er und sagte gleich den Spruch: „Mühle, Mühle mahle mir Salz und wieder Salz - jetzt und hier!"
Tatsächlich fing die Mühle an, Salz auszuspucken und noch mal Salz und wieder Salz. Das Schiff wurde voller und voller und war schließlich randvoll mit Salz gefüllt.
Da sagte der geizige Bruder: „So, jetzt ist Schluss! Mehr brauche ich nicht."
Aber die Mühle hörte und hörte nicht auf, Salz auszuspucken. Das Schiff war drauf und dran, unterzugehen! Da warf der Geizhals in seiner großen Not die salzspuckende Mühle ins Meer und kein Mensch hat sie jemals mehr in Händen gehalten.
Die Mühle aber liegt immer noch am Meeresgrund und mahlt dort Salz - bis zum heutigen Tage.

Das Salz für die Suppe

Die steinzeitlichen Jäger brauchten noch kein Salz. Sie aßen nicht nur keine Suppen, sondern ernährten sich größtenteils vom Fleisch ihrer Beutetiere, das ihnen genug Salz zum Überleben lieferte. Auch heute ist es noch so, dass die Ureinwohner, die in den kältesten Regionen der Erde, etwa in der Arktis, wohnen, kaum über Salz verfügen. Aber da die Inuit im Norden Alaskas oder die Samen in Skandinavien sich hauptsächlich von Robbenfleisch und Fisch ernähren, reicht das, um ihren Salzbedarf zu decken. Die Massai, ein Stamm von Viehzüchtern in Kenia und Tansania, einer besonders heißen Zone Afrikas mit höherem Salzbedarf, zapfen zuweilen Tieren eine Schale Blut ab, um ihren eigenen Salzhaushalt auszugleichen.

Als die Menschen langsam sesshaft wurden und Ackerbau betrieben, änderte sich ihr Verhältnis zum Salz. Es musste zugeführt werden, weil die Früchte der Erde nicht genug Salz lieferten, oder aber, weil beim Kochen, anders als beim Braten, dem Fleisch Salz entzogen wird. Es ist nicht nachweisbar, klingt aber doch plausibel, dass die Menschen durch Beobachtung der Tiere lernten: Es gab Steine oder Felsen, an denen Tiere oft und gern leckten und es gab Quellen, die eigentlich ungenießbares, salziges Wasser förderten, aber doch von vielen Tieren immer wieder aufgesucht wurden. Es musste also Gestein oder Quellen geben, die Salz enthielten, die es zu entdecken und zu nützen galt.
Für die Anwohner der Meere war diese Erkenntnis banal. Wenn man dem Meer das Wasser entzog, musste Salz übrigbleiben. Über dieser Beobachtung entstanden die ältesten Methoden Salz zu gewinnen. Parallel dazu lernten die Menschen auch sehr schnell, dass es Pflanzen gab, die im Salzwasser lebten, deshalb salzhaltig waren und Salz abgeben konnten. Man hat bei Ausgrabungen Tongefäße gefunden, in denen Algen bis zur Verdunstung des Wassers ausgekocht worden waren – Salz blieb übrig. So etwa wird heute noch auf den Färöer-Inseln aus Algen Salz gewonnen, ebenso wie beim Torf auf den Halligen Frieslands. Schon die alten Ägypter legten vor 4 000 und 5 000 Jahren Salzgärten an – flache Mulden an der Küste, deren Zu- und Abläufe mittels Dämme kontrolliert werden konnten. In sie wurde Meerwasser geleitet. Den Rest erledigte die Sonne: Sie ließ das Wasser allmählich verdunsten, im übrigen Wasser reicherte sich das Salz immer stärker an. Über zwei weitere Becken wurde, wie man im Laufe der

Zeit aus Erfahrung lernte, das Salzkonzentrat so stark, dass es schließlich ausfiel – „ausblühte“, um im Bild der Salzgärten zu bleiben. Die weißen Salzkristalle konnten nun mit einer Art Schuber vom Boden gekratzt werden. Über die Jahrhunderte hinweg lernte man auch, den Boden in dem Erntebecken mit Ton oder Zweigen und Stroh so abzudichten, dass das Salz von unten nicht mehr verunreinigt wurde. Denn auch das war schnell klar: Die Menschen wollten möglichst reines weißes, nicht von kleinen Beimengungen von Fremdmineralien, aber auch kein von Staub oder Dreck verunreinigtes Salz. Je weißer, desto höher der Preis. Was beim Meersalz nicht so ganz einfach war: Denn während der mehrwöchigen Verdunstungsphase war das Salzwasser dem Wetter ausgesetzt. Es konnte regnen – oder ein kräftiger Wind lagerte Staub und andere kleinste Partikel in den Salzgärten ab. Was heute kein Problem mehr darstellt, denn das Salz wird nochmals mit Süßwasser gereinigt und anschließend maschinell getrocknet.

Fern vom Meer entdeckte man eine andere Art der Salzgewinnung: Salz war, in mehr oder weniger reinem Zustand, in manchen Bergen versteckt. Entweder oberflächennah oder tief im Inneren. Bereits um 1000 vor unserer Zeitrechnung bauten die Kelten in Hallstatt in Bergwerken Salz ab und vertrieben es bis weit nach Frankreich und an das nördliche Meer – so erfolgreich, dass eine geschichtliche Epoche danach benannt wurde. Heute wird das zuweilen immer noch bergmännisch abgebaute Salz oft als „Ursalz“ deklariert, obwohl auch dieses natürlich aus dem Meer stammt. Manchmal weist es eine leichte Färbung auf. Das kommt von den in den Salzstöcken enthaltenen Verunreinigungen durch andere Mineralien, denen manche Menschen eine ganz eigene Geschmacksnote beim Würzen ihrer Speisen abgewinnen.
Mit den Römern, die wohl mehr auf das Meersalz setzten, verschwand der alpine bergmännische Salzabbau allmählich und

wurde erst im Mittelalter neu entdeckt. Dann allerdings entwickelte man neue, einfachere Methoden der Förderung.
Bei den Solequellen war das Verfahren zur Salzgewinnung ganz ähnlich dem Meersalz. Nur, diese Quellen lagen in der Regel nicht an einem südlichen Meer. Man konnte deshalb nicht auf die Hilfe der Sonne beim Verdunsten zählen. Erst als die Menschen die Förderung und Bearbeitung von Eisen gelernt hatten, kam man entscheidend vorwärts. Das salzhaltige Wasser wurde in große geschmiedete Pfannen geleitet. Ein Feuer erhitzte diese und ließ das Wasser verdunsten, Salz blieb übrig. Das Problem war aber nun nicht mehr das Salz, sondern das Holz, das man in riesigen Mengen verbrauchte, um die Sudpfannen am Dampfen zu halten. Mehr als eine Tonne Holz war erforderlich, um eine Tonne Salz zu destillieren. Ganze Landstriche wurden abgeholzt. Im Laufe des Mittelalters wurden die Salinen, wie man die Betriebe mit den Sudpfannen nannte, immer wieder verlegt – dorthin, wo es noch Holz gab. Modernste technische Maschinen und technische Wärmeerzeugung machten vom Rohstoff Holz unabhängig. Der allergrößte Teil des heute geförderten Salzes ist das sogenannte Siedesalz.
Solequellen waren rar, ihre Schüttung nicht immer ausreichend. Bereits im Mittelalter musste man sich neuer Erkenntnisse bedienen. Man leitete Süßwasser in unterirdische Stollen, die vom bergmännischen Salzabbau übriggeblieben und noch nutzbar waren, oder für das neue Verfahren in einen Berg mit Salzvorkommen gegraben wurden. Mit diesem Laugverfahren konnte man jetzt auch gut das Haselgebirge ausbeuten, wo das Salz nicht mehr rein oder kaum mehr in abbaufähigen Flözen zur Verfügung stand – zumal diese neue Methode auch sehr viel weniger zeitraubend war als die alte bergmännische. Brauchten die Bergleute vor 3 000 Jahren, so hat man es wenigstens ausgerechnet, für einen Meter Schachtvortrieb etwa 28 Schichten á zehn Stunden, so reicherte sich das eingepumpte Süßwasser

bis zur Sättigung mit etwa 26 % Salz in rund sechs Wochen an, um anschließend herausgepumpt und gesotten zu werden.

* Der Salzstreuer und seine Verwandten *

Heute ist es eine Selbstverständlichkeit, Salzstreuer zum Würzen der Speisen auf den Tisch zu stellen. Das war nicht immer so. Denn bis weit in die Neuzeit hinein wurde dem Salz als kostbarem und lebensnotwendigem Mineral eine ganz besondere Bedeutung beigemessen. In vielen Kulturen betrachtete man Salz auch als göttliche Gabe. So gehörten in spätrömischer Zeit neben der silbernen Opferschale ein Salzgefäß zum unverzichtbaren Besitz eines jeden Mannes. Dieses wurde vom Vater an den Sohn vererbt und als erstes auf den Tisch gestellt, wodurch es den Platz des Hausherrn und somit die Rangordnung bestimmte. Auch im Mittelalter und später in der Renaissance standen mit Salz gefüllte „Schiffe" auf königlichen Tafeln vor dem Gastgeber. Sie waren riesig, mit Edelsteinen besetzt und meist mit Motiven aus dem Meer reich verziert. Diese großen Salzgefäße symbolisierten Reichtum, Gesundheit sowie Stärke des jeweiligen Herrschers und seines Reiches. Ihre Bedeutung lässt sich auch daran ablesen, dass zu den einzelnen Gängen für die Gäste kleinere Salzfässer serviert wurden. Denn das „Große Salz" musste immer vor dem Gastgeber stehen. War ein höherrangiger Gast anwesend, wurde für diesen ebenfalls ein Salzschiff aufgestellt.

In den 1970er Jahren bis in die 1990er zierten jeden Wirtshaustisch Menagen mit Salz, Pfeffer, Zahnstochern und „Maggi". Diese kräftige Suppenwürze des gleichnamigen Unternehmens lief dem Salz, hatte es den Anschein, endgültig den Rang ab. Im Nachhinein kann die Maggi-Manie aber als Modewelle abgetan werden, die von Ketchup oder Sojasauce schon längst abgelöst wurde. Und das Salz – egal aus welchem Teil der Welt man kommt oder welche Anschauungen vertreten werden – bleibt bis zum heutigen Tage unverzichtbar. Bei Tisch taucht es gerne in Kombination mit Pfeffer auf.

* Es galt früher als besonders unfein, das Salz mit den Fingern zu berühren. Der italienische Philosoph Melchiorre Gioja rät 1802 in seinem *Neuen Knigge (Nuovo Galateo)* dazu, das Salz mit der Messerspitze zu nehmen und nicht mit der Gabel oder dem Löffel, der gefühlt schon tausendmal im Mund war.

* Für einen Gourmet-Koch gilt es heute als Beleidigung, wenn nachgesalzen werden muss. Das Gericht sollte von vornherein im richtigen Verhältnis gewürzt sein – nicht zu viel und nicht zu wenig. Deswegen befinden sich in einem Restaurant, das etwas auf seine Küche hält, keine Salz- oder Pfefferstreuer auf dem Tisch.

Eine Nachfrage in der Kaiservilla Bad Ischl hat ergeben, dass Kaiser Franz Joseph und seine Gemahlin Elisabeth keine Salz- und Pfefferstreuer benutzten. Bei jedem kaiserlichen Gedeck fand sich jedoch eine kleine, mit Salz gefüllte Porzellanschale, aus der fein und vornehm mit einem dazu passenden Mini-Porzellanlöffelchen (und keinesfalls mit den Fingern) das Salz entnommen wurde. Auf die Frage, warum am kaiserlichen Tisch kein Salzstreuer verwendet wurde, gibt es eine einfache Antwort: Der Salzstreuer war noch nicht erfunden! Erst 1919 wurde er vom österreichisch-ungarischen Botaniker und Mikrobiologen Raoul Heinrich Francé als erste deutsche bionische Erfindung zum Patent angemeldet. Der Streuer ist also noch ein vergleichsweise „junger Hüpfer“ mit seinen erst gut 100 Jahren. Francé hatte sich die Kapsel des Klatschmohns mit seinen seitlichen Öffnungen zum Vorbild genommen, die für

eine optimale Streuwirkung des Samens sorgen. Eigentlich war er auf der Suche nach einer Möglichkeit, Bodenflächen gleichmäßig mit Kleinstlebewesen zu bestreuen. Zum Salzstreuen waren die seitlichen Öffnungen auch eher unpraktisch. Tatsächlich wurde der Streuer, soviel man weiß, nie hergestellt. Trotzdem wird Francé als großer Erfinder des Salzstreuers gefeiert.
Zwar gab es auch schon vor seiner Zeit Patentanmeldungen auf Salzstreuer, die in den Jahren 1891, 1899 und 1913 erteilt wurden, doch waren alle nicht so erfolgreich wie die nach dem Vorbild der Klatschmohn-Kapseln gefertigten Streuer, deren Löcher mit der Zeit von der Seite nach oben gewandert sind.

Lange war das Salz aber sowieso nicht streufähig und untauglich für Streuer. Gerade das in den Salinen geförderte Salz wurde in daumengroße Stücke zerschlagen und klumpte aufgrund seiner wasseranziehenden Eigenschaften beim Transport erneut zusammen. Es musste also immer wieder zerkleinert und gemahlen werden. Das Salz trocken zu halten, war auch in den Küchen eine große Herausforderung. Deswegen wurde es meist in der Nähe des Herdfeuers gelagert. Als der amerikanische Salzhersteller Morton Salt eine Methode fand, das Salz rieselfähig zu machen, indem Trennmittel zugesetzt wurden, stand der Erfolgsgeschichte des Salzstreuers nichts mehr im Wege.

Heute gibt es den Salzstreuer in allen nur erdenklichen Materialien und Ausführungen: Von der funktionalen Gestaltung eher schlicht gehaltener Streuer bis hin zu figürlichen Darstellungen von Tieren, Häusern, Pflanzen oder Objekten aller Art sind der Fantasie keine Grenzen gesetzt. Es gibt Kühe, Schafe, Enten, Gänse, Spatzen, Papageien, Fische, Muscheln, auch Einhörner, Tigerenten oder gar Ottifanten, um nur einige Beispiele zu nennen. Man könnte ganze Bauernhöfe oder Zoos gestalten, aber auch Streuer in Menschengestalt sind ein beliebtes Sujet. Dabei reicht die Palette von historischen und politischen Persönlichkeiten, Berufsständen bis hin zu sexuell anzüglichen Anspielungen. So sind auch Darstellungen von Brüsten in allen Variationen zu finden oder nackte Paare (sie Salz, er Pfeffer). Daran sieht man schon: Salz und Pfeffer sind gerne paarweise unterwegs. Aufgrund des feinen Mahlgrades von Pfeffer hat der Pfefferstreuer in der Regel nur eine Öffnung und der Salzstreuer mehrere. Auch Queen Elisabeth gibt es gemeinsam mit ihrem Lieblingshund als Pfefferstreuer zu erwerben. Zu weiteren Kuriositäten zählen beispielsweise ein tanzendes Vampirpaar sowie Goethe und Schiller als Salz- und Pfefferstreuer. Sisi hat zwar nie einen Salzstreuer benutzt (er war ja noch nicht erfunden), aber auch sie ist letzten Endes selbst zu einem Salzstreuer geworden, den man im Souvenirshop einfach kaufen kann.

Der neueste Schrei sind aber momentan sowieso nicht die Streuer, sondern die Salz- und Pfeffermühlen. Viele Gourmets schwören darauf, dass Salz und Pfeffer frisch gemahlen einfach intensiver schmecken. Dementsprechend gibt es auch schon entsprechende Mühlen mit Motiven von Franz und Sisi.

* Der Saliera-Raub *

Eine wahre Kriminalgeschichte spielte sich im Wiener Kunsthistorischen Museum ab, als dort das wahrscheinlich wertvollste „Salzfassl“ der Welt, still und heimlich, also fast unbemerkt gestohlen wurde. Und wertvoll heißt in diesem Fall wirklich wertvoll! Denn abgesehen vom versicherungstechnischen Wert, der auf 50 Millionen Euro geschätzt und im Jänner 2023 einen Kaufwert von 63,5 Millionen hatte, ist die einzige erhaltene Goldschmiedearbeit des Florentiner Künstlers Benvenuto Cellini – ein Ensemble aus dem Jahr 1540, dessen Götterfiguren

aus reinem Goldblech mit freier Hand und ohne Modell getrieben sind – von unschätzbarer Bedeutung.
Gemeint ist die „Saliera“, eines der berühmtesten Salzgefäße aus der Zeit der Spätrenaissance. Sie gilt als Meisterwerk der Goldschmiedekunst und ist heute ein wichtiges Ausstellungsstück in der Kunstkammer des Museums. Für die allegorische Darstellung hat der Meister zwei antike Göttergestalten ausgesucht, die sich in lässiger, zurückgelehnter Haltung gegenübersitzen und ihre Füße miteinander verschränken. Neptun symbolisiert das salzproduzierende Meer und hat dazu korrespondierend einen Salzbehälter in Form eines Schiffes auf seiner rechten Seite, während Tellus als Göttin der Erde den kostbaren Pfeffer in einem Tempel neben sich verwahrt. Es ist ein absolutes Novum: Erstmals ist in Cellinis Saliera der Pfeffer in einem gleichberechtigten Gefäß verwahrt. Es demonstriert die Entwicklung hin zu den großen Tafelaufsätzen, die in Kombination mit Gewürzmenagerien auf festlich gedeckten Tischen des 18. und 19. Jahrhunderts ihren Platz fanden. Dabei wurde dem einst so wichtigen Salz nur mehr eine untergeordnete Position im prächtigen Ensemble, gerne auch kombiniert mit Senf, Essig und Öl, zuteil.

Der Dieb hatte es leicht. Er stieg am 11. Mai 2003 auf ein Baugerüst des Museums, hebelte ein ungesichertes Fenster auf, zerschnitt eine Jalousie und betrat den Sophiensaal, wo sich die Saliera in der Mitte des Raumes auf einem Holzsockel unter einem Glassturz befand. Er zerschlug das ungepanzerte Glas mit zwei Hieben, packte in Ruhe das wertvolle Stück ein und verschwand auf gleichem Wege wieder. Es wurde Alarm ausgelöst, doch das Wachpersonal vermutete einen Fehlalarm und reagierte nicht. Der Diebstahl wurde erst am nächsten Tag vom Reinigungspersonal entdeckt. Ein Aufschrei ging durch die weltweite Presse. Alle großen Tageszeitungen berichteten von dem spektakulären Diebstahl. Inserate waren direkt an die Diebe adressiert.

Doch es half alles nichts – die Saliera tauchte nicht mehr auf und die Befürchtung, das Kunstwerk würde unwiederbringlich eingeschmolzen sein, lag nahe. Auf der Fahndungsliste der wertvollsten gestohlenen Kunstgegenstände des FBI landete das Werk Cellinis auf Platz 5. Doch nach drei Jahren kam plötzlich Bewegung in die Sache: Der Dreizack des Neptun wurde an das Bundeskriminalamt mit der Nachricht gesandt, ein Informant wüsste Näheres über den Verbleib. Letztendlich stellte sich der Täter selbst und gestand die Tat. Der Dieb war ein bis dato unbescholtener 47-jähriger Familienvater und Inhaber einer Alarmanlagenfirma. Schon vor geraumer Zeit hatte er Sicherheitsmängel im Museum ausgemacht und es reizte ihn, die Probe aufs Exempel zu machen. Der Einbruch selbst erfolgte spontan – nach einem Discobesuch – in alkoholisiertem Zustand. Nach Angaben der *Kronen Zeitung* hatte er davor noch fünf kleine Bier und zwei Tequilas getrunken. Erst am nächsten Tag wäre ihm das Ausmaß seiner Tat bewusst geworden, als er aus den Medien vom unschätzbaren Wert des Salzgefäßes erfuhr. Er hatte das wertvolle Gut unter seinem Bett versteckt und vergrub es später in einem Waldstück bei Zwettl im Waldviertel in einer Kiste. Ironie am Rande: Als fieberhaft nach dem Werk gefahndet wurde, gab der Täter dem privaten Wiener Radiosender *Orange* ein Interview und sprach als Sicherheitsexperte über Alarmanlagen, wobei er auch Bezug auf die Saliera und ihre schlechte Absicherung im Museum nahm. Gut nur, dass das wertvolle Stück im Waldboden fast unversehrt geblieben ist. Heute ist das Werk wieder ausgegraben, renoviert und sehr gut gesichert im Kunsthistorischen Museum zu besichtigen. Als wäre nichts gewesen. Nur um eine Geschichte ist sie reicher geworden, die Saliera.

Pökeln und Suren

Es gab eine Zeit – auch wenn man sich das heute kaum mehr vorstellen kann –, da gab es keine Möglichkeiten, verderbliche Lebensmittel zu kühlen und so länger aufzubewahren. Und sie ist noch nicht so lange her: In den 50er Jahren des 20. Jahrhunderts begann der „Eiskasten", wie man ihn bis heute zuweilen nennt, langsam seinen Siegeszug in privaten Haushalten. Für gewerbliche Bedürfnisse gab es vorher Stangeneis, das man sorglich vom Winter her kühl hielt und etwa in die Eisschränke von Wirtshäusern steckte. Ansonsten benützte man alles, was auch nur einigermaßen Kälte versprach: Keller vor allem, aber auch Erdlöcher und andere schattige Plätze.
Diese mangelnde Kühlmöglichkeit war nicht nur, aber besonders auch in den Alpenländern ein Problem. In den Bergen war die Viehwirtschaft zuhause. Deshalb brauchte man ohnehin mehr Salz als andernorts, denn Rinder, Schafe oder Schweine benötigen ebenso eine regelmäßige Salzzufuhr zum Überleben wie der Mensch. Trotz der hohen Viehbestände ernährte man sich den größten Teil des Jahres vegetarisch, weswegen die täglichen Salzrationen für die Bauersfamilien im 20. Jahrhundert vor allem im Winter auf ein deutlich ungesundes Maß anstiegen, was die Ernährungswissenschaftler auf das häufige Essen von mit Salz eingelegtem Sauerkraut zurückführen.

Aber wenn geschlachtet wurde, was nur zu besonderen Feiertagen geschah, fiel sehr viel Fleisch ab. Wir wissen aus alten Berichten, dass an diesen Festtagen Fleisch im Überfluss auf den Tisch kam. Für das Weihnachtsfest etwa wurde der sogenannte Weihnachter, ein Schwein, gemästet, das am 21. Dezember, dem Tag des Apostels Thomas, geschlachtet wurde; weswegen man den Hl. Thomas in Bayern aus dieser Tradition heraus auch den „bluatigen Thamerl" nannte. Der Störmetzger, der im Bauernhaus schlachtete, erschreckte mit seiner blutigen Schürze die

Kinder. Nach der Christmette und an den beiden Feiertagen gab es Fleisch in Hülle und Fülle.
Außerdem konnte oft nicht genügend Wintervorrat an Heu eingelagert werden, um die sich im Sommer vergrößernden Herden über die kalte Jahreszeit zu bringen. Die überzähligen Tiere mussten deshalb geschlachtet, das Fleisch mit den damaligen Mitteln haltbar zugerichtet und aufbewahrt werden. Ein probates Mittel war das Salzen. Es entzog dem Fleisch Wasser und machte es damit haltbarer und bot den zersetzenden Bakterien weniger Angriffsmöglichkeiten. Gleiches geschieht beim Pökeln. Nur, dass beim Pökeln oder Suren, wie es in Bayern und Österreich auch genannt wird, dem Salz zusätzlich sogenannte Pökelstoffe zugesetzt werden. Das sind Natrium- oder Kaliumsalze der Salpetersäure (Nitrate) oder der salpetrigen Säure (Nitrite). Sie bilden sich aus Mikroorganismen und Enzymen, töten bestimmte Organismen im Fleisch ab und machen es damit haltbarer, denn das Fleisch bietet Schadstoffen weniger Angriffsfläche. Außerdem färben sie das Fleisch rot, geben ihm damit eine charakteristische Färbung und ein eigenes Aroma. Weswegen gesurtes Fleisch, zumindest in Österreich und Bayern, auch heute noch gern gegessen wird.

* Der Mann im Salz *

Die Geschichte vom „Mann im Salz" steht nicht von ungefähr an dieser Stelle: Im Jahr 1734 wurde in einem Stollen bei Hallstatt ein Bergmann gefunden, der, vom Salz mumifiziert, samt Kleidung vollständig erhalten war. Eine moderne Untersuchung der Fundstelle ergab, dass der Knappe im Jahr 350 vor Christus bei einer Katastrophe umgekommen war, die auch das Ende des Salzbergbaus bedeutete. Im Bergwerk Dürrnberg bei Hallein hatte man in den Jahren 1573 und 1616 ebenfalls zwei mumifizierte Leichen entdeckt. Da alle drei aus ihrem salzigen und damit verwesungshemmenden Grab an die Erdoberfläche transportiert und auf dem Friedhof bestattet wurden, konnte man sie später, als man die Möglichkeiten dazu hatte, nicht mehr untersuchen. Sie hatten nach kurzer Zeit zu faulen begonnen. Ein Salzburger Chronist hielt fest, man habe einen „vollkommenen Mann“ gefunden: „... mit Fleisch, Bein, Haut, Haar und Kleidung … Er ist an Haut und Fleisch gelb wie ein geselchter Stockfisch gewesen.“ Der Schriftsteller Ludwig Ganghofer verfasste Anfang des 20. Jahrhunderts über einen dieser Funde den historischen Roman *Der Mann im Salz*, verlegte die Geschichte aber kurzerhand vom Salzburgischen ins Berchtesgadener Land und notiert Folgendes: „Aus seiner Schwäche ermuntert, drängte er sich zu den Klötzen und sah mit eigenen Augen, dass in einem großen, glashellen Salzblock etwas eingeschlossen hockte, das auch er ohne Schauer nicht betrachten konnte. Wie ein zottiges Tier, auf allen vieren kriechend, war es anzusehen. Und war doch das Bild eines Menschen, ganz in Rostfarbe getaucht, halb nackt und halb in Felle gewickelt, mit einem Wust von Haaren und einem roten Zottelbart um das starr verzerrte Gesicht, alle Linien zittrig zerflossen, gleich der Gestalt eines Mannes, den man bei trübem Licht unter Wasser schwimmen sieht …“

Salz ist nicht gleich Salz

In den feinen Küchen dieser Welt ist die Verwendung des passenden Salzes oder einer perfekten Salz-Mischung zum jeweiligen Gericht schon fast zu einer Art Religion geworden. Selbst Hobby-Köche schwören auf „ihr“ bestimmtes Salz. Die Palette ist enorm und erstreckt sich vom Gourmetsalz aus der Kalahari-Wüste sowie indischem Pyramidensalz über das allseits beliebte

Himalaya-Salz und Fleur de Sal bis hin zum afrikanischen Perlensalz und hat mit unseren heimischen Kräutersalzmischungen noch lange kein Ende gefunden. Jedes Salz, berichten die Spezialisten, hat seine eigene Geschmacksnote. Das hängt nicht nur von der Mineralienzusammensetzung und dem Natriumchlorid-Gehalt ab, sondern auch von der Restfeuchte des Salzes. Raffiniertes Speisesalz hat keine Restfeuchte mehr, sonst könnten wir es nicht mehr im Salzstreuer verwenden. Für die Restfeuchte-Salze muss man als Feinschmecker natürlich eine Salzmühle verwenden, das versteht sich von selbst.

Das Salz hat sich übrigens auch in viele süße Gerichte hineingeschwindelt. In jeden Kuchen gehört eine Prise. Auch in der großmütterlichen Küche war es gebräuchlich, ins Grießkoch oder in Milchreis ein „Fingerspitzerl" Salz zu geben. Und das hat laut wissenschaftlichen Erkenntnissen auch wirklich seinen Sinn. Zwar ist eine so winzige Menge Salz freilich aus keiner Mehlspeise zu schmecken, aber trotzdem leistet es eine wichtige „hintergründige" Arbeit: Das bisschen Salz im Süßen aktiviert die Geschmackspapillen auf der Zunge und ohne etwas davon zu merken, schmeckt für uns der Kuchen süßer. Das funktioniert übrigens auch umgekehrt in der Tomatensauce, im Salatdressing oder auch auf Kartoffelchips: Mit einer Prise Zucker ergibt sich eine intensivere und salzigere Note.

Um zum Salz im Süßen zurückzukommen: Karamell mit ein wenig Salz soll zu einer echten Geschmacksexplosion im Mund führen und hat einen neuen Food-Trend hervorgebracht: Salted Caramel. Diese intensive Mischung wird mittlerweile fast überall angeboten: in Torten, Keksen, sogar in Müsliriegeln, natürlich als Speiseeis, in Schokoladen, Schnitten, Likören und vielem mehr. Wenn wundert es da, dass auch der ehemals königlich-kaiserliche Hoflieferant, die Konditorei Zauner in Bad Ischl, auf diesen Zug aufgesprungen ist und eine hauseigene Salz-Karamell-Praline

(Karamellcanache vollendet mit Fleur de Sal) kreiert hat? Sie wurde sogar kurz vor dem Start des Kulturhauptstadtjahres in Brüssel präsentiert. Eigentlicher Star war aber die ebenfalls zu diesem Anlass von Zauner kreierte Europatorte. Zur Übergabe an den EU-Kommissar reiste nicht nur die Familie Zauner an, eine Delegation aus den Salzkammergut-Orten war auch zugegen. Ob die Torte in Brüssel geschmeckt hat, war nirgends zu erfahren – vermutlich aber sehr gut, denn beim Backen der Europatorte wurde eine Prise Salz aus dem Salzkammergut zugefügt!

Rezept: Salted Caramel Sauce

Man kann die salzige Zuckermasse in Einmach-Gläschen zum Verschenken füllen oder einfach über Lieblingsdesserts wie Kuchen, Muffins, Brownies, Müsliriegel, Vanilleeis oder Joghurt gießen.

Zutaten

250 g brauner Zucker, 125 g Butter, 175 ml Milch, Lieblingssalz (Menge nach Belieben), Vanillezucker

Zubereitung

Butter in einem Topf, am besten im Wasserbad, erwärmen, braunen Zucker und Milch dazugeben und so lange rühren, bis eine glatte Masse entstanden ist. Einmal kurz aufkochen und anschließend 3 Minuten leicht köcheln lassen. Vom Herd nehmen und nach Belieben Salz und Vanillezucker hinzufügen.

Was den Einsatz von Salz in der Körperpflege angeht, so ist es fast ebenso schwierig, das richtige Badesalz zu finden und die Auswahl ist unendlich. Welches ist das richtige? Totes-Meer-Badesalz oder doch lieber das „gute alte“ mit Latschenkiefernöl versetzte Badesalz? Vielleicht sollte man gar nicht so viele Vergleiche anstellen und einfach das heranziehen, was einem beim Einkauf spontan behagt. Kaiserin Elisabeth nahm sehr gerne ein Salzbad mit Rosenblüten, das es tatsächlich in der Kurapotheke Bad Ischl heute noch nach Originalrezept von anno dazumal zu kaufen gibt. Dazumal lieferte der Apothekergehilfe das in Tonkrügen abgefüllte Badesalz noch mit dem Leiterwagerl aus. Dieses ist noch immer im Familienbesitz der Apothekerfamilie, verrät uns ihre Webseite. Die apothekeneigenen Hausspezialitäten wurden im Jahr 2010 sogar in das nationale Verzeichnis des Immateriellen Kulturerbes aufgenommen. Es muss übrigens nicht gleich ein ganzes Salzbad sein: Auch das Waschen mit einer Salzseife ist gut für die Haut. Sie reinigt sanft und zerstört die natürliche Hautchemie nicht. Und überhaupt das Salz-Peeling! Es belebt ungemein. Schon seit der Antike wird dem Einreiben mit Salz eine potenzfördernde Wirkung zugeschrieben. Es ist also wenig erstaunlich, wenn im 16. und 17. Jahrhundert das „Einsalzen des Ehepartners“ groß in Mode war und sich auch in satirischen Darstellungen Beliebtheit erfreute. Über die gesundheitsfördernde Wirkung des Salzes aber nun Näheres im Folgekapitel.

Eine heilende Kraft

Unser Körper besteht ungefähr zu 60 % aus Wasser, was bei einer durchschnittlichen Person mit einem Gewicht von 70 Kilogramm etwa 40 Kilogramm ausmacht. Der Mensch benötigt täglich etwa fünf bis sechs Gramm Salz, einen Teelöffel voll,

um seine Funktionen aufrecht erhalten zu können; genetisch bedingt kann es auch ein bisschen mehr sein. Aber Vorsicht, das Salzgleichgewicht des Körpers muss eingehalten werden. Zu viel davon macht ebenso krank wie zu wenig. Andererseits: Wir wissen, dass sich vor 200 Jahren die Viehbauern des Alpenlandes hauptsächlich vegetarisch ernährten. Nur zu den hohen Festtagen gab es Fleisch – dann aber im Überfluss, wie überliefert ist, denn es war sehr schwer, es auch nur über wenige Tage haltbar aufzubewahren. Es gab keine Kühlgeräte: Salzen, Pökeln oder Räuchern waren die einzigen Mittel, die zur Verfügung standen. Im Winter bestand das Essen deshalb fast jeden Tag aus Sauerkraut. Das mit Salz haltbar gemachte Kraut erhöhte die täglich zugeführte Salzmenge oft auf das Fünf- bis Sechsfache!
Wenn wir Durst haben und trinken, muss das Wasser erst mit körpereigenem Salz angereichert werden, damit es der Körper entsprechend verarbeiten kann. Man könnte vermuten, dass die Landbevölkerung deshalb oft für uns heute staunenswerte Mengen an Bier (es war weit nicht so stark wie heute) getrunken hat, auch, um den hohen Salzgehalt zu kompensieren. Die Kochsalzlösungen in unserem Körper steuern die Nierenfunktion und den Blutdruck, beeinflussen Atmung und Verdauung und regeln mittels elektrischer Signale zudem Muskeln und Nerven. Bei starkem Blutverlust, einem Unfall etwa oder einer Operation, helfen deshalb isotonische Kochsalzlösungen.

Seit mehr als 3500 Jahren – so weit reichen die Quellen zurück, wahrscheinlich aber schon sehr viel länger – kennt die Menschheit die Heilwirkung des Salzes. Im alten Ägypten bereits empfahl man salzhaltige Rezepturen ob ihrer abführenden und antibakteriellen Wirkung. Weil Salz Wasser entzieht, benützte man es zur Stillung des Blutes bei Wunden, aber auch als Augensalbe, sogar als Vaginalzäpfchen zur Beschleunigung der Geburt. Mit Honig vermischt gebrauchte man Salz zur Reinigung von Geschwüren und bei Schorf. Salzwasser äußerlich

angewendet half den alten Griechen bei Hautkrankheiten, etwa bei Aussatz oder Krätze – auch Sommersprossen zählten damals zu den Krankheiten; mit anderen Essenzen vermischt fand Salz Anwendung bei Furunkeln, im Rachenraum, bei Mandelentzündungen, aber auch bei Stichen und Bissen: von Wespen, Skorpionen und sogar Schlangen. Der römische Naturforscher Plinius stellte fest, dass es für den menschlichen Körper nichts Besseres gebe als Salz und Sonne.
Einer der bekanntesten Ärzte des ausgehenden Mittelalters war Theophrastus Bombastus von Hohenheim, genannt Paracelsus. Er setzte gesalzenes Wasser bei der Behandlung von Wunden und gegen Wurmbefall ein und empfahl Sitzbäder in Solelösungen bei Hautkrankheiten aller Art. „Der Mensch", postulierte er, „kann nicht ohne Salz sein … Wo nicht Salz ist, ist nichts Bleibendes, sondern alles neigt zur Fäulnis."

Heute wendet man Salz als Heilmittel bei ähnlichen Beschwerden wie schon in der Antike und im Mittelalter an, aber sein Einsatzgebiet hat sich drastisch vervielfacht. Mehrere zehntausend Medikamente enthalten Salz, meist in den durch die Elektrolyse gewonnenen Basiselementen Natrium und Chlor. Natürlich hat man Abstand genommen von solch abenteuerlichen Rezepturen, bei denen man etwa Salz mit dem Schaum eines heißgerittenen Pferdes und Essig mischte, um sie Kindern gegen Wurmbefall einzugeben. Aber dafür wurden viele neue Behandlungsmethoden entwickelt, bei denen Salz eine gewichtige Rolle spielt.
Eines der großen Probleme der Alpenbewohner war die Kropfbildung, die von Jodmangel ausgelöst wurde. Schon der römische Satiriker Juvenal fragte sich im 1. Jahrhundert unserer Zeitrechnung: „Wer staunt noch über einen Kropf in den Alpen?" Es ist kaum zwei Generationen her, da spottete man über den Kropf im Bayerischen noch als „Tiroler Sportabzeichen". Man sah es oft in unseren Breiten. Zu seiner Kaschierung wurde das Kropfbandl erfunden, ein eng anliegendes Schmuckband um den Hals,

das heute zur Zier vieler Dirndl zählt. Dem Jodmangel kam man bei, indem man dem Tafelsalz geringe Mengen an Jod beimischte. Seither sind die kropfartigen Auswüchse der Schilddrüsenerkrankung weitgehend verschwunden.

Ein Zuviel an Salz kann allerdings zu Bluthochdruck, Herz-Kreislauf-Erkrankungen, Schlaganfall oder Herzinfarkt führen. Sie gehören heute zu den verbreitetsten Volkskrankheiten. Auch die Nieren, die das überschüssige Salz aus dem Körper ausschwemmen sollen, können durch zu hohe Salzkonzentration der Körperflüssigkeiten geschädigt werden.

Zu Beginn des 19. Jahrhunderts wurde die äußerliche Anwendung von Wasser als Heilmethode neu entdeckt. Bäder und Kuren, seit der Antike bekannt, wurden zu einem wichtigen Bestandteil nicht nur der Sommerfrische. Nicht zuletzt, weil im Zug der Industrialisierung in den großen Städten der Rauch aus den Fabrikschloten und den Kaminen der sich rasch vermehrenden Arbeiterwohnungen sich krankmachend für Haut und Atemorgane ihrer Bewohner über die Städte legte. Die Namen des Naturheilers Vincenz Prießnitz und des schwäbischen Pfarrers Sebastian Kneipp sind mit der Entwicklung der modernen Wasserkur verbunden, die hinfort einen eigenen Zweig medizinischer Behandlung bilden sollte – in deren Zusammenhang auch das Einatmen salzhaltiger Luft und das Solebad stehen. Paracelsus lässt wieder grüßen! Das Baden in salzhaltigem Wasser, entweder in angereicherter Sole oder im hochkonzentrierten Salzwasser des Toten Meeres, hilft bei einer Vielzahl von Hautkrankheiten, zum Beispiel der Schuppenflechte (Psoriasis), gegen Allergien und Stoffwechselstörungen, Nierenerkrankungen und bei manch anderen Diagnosen; das Einatmen salzhaltiger Luft am Meer, meist in Form einer Thalasso-Therapie, in stärkerer Konzentration in einem Gradierwerk oder Heilstollen oder gar als Sole-Inhalationstherapie mittels Ultraschallvernebler erleichtert Atemwegserkrankungen und lindert die Beschwerden auf eine Weise, wie sie im Prinzip schon im Altertum angedacht worden war.

Sakral und magisch

Ein Stoff, der sich im Wasser verflüchtigt, auflöst, der aber dennoch zu schmecken, also unsichtbar immer noch vorhanden ist, obendrein mit Feuer, durch Erhitzen, wieder als Farbenspiel sichtbar gemacht und aus dem Wasser durch Verdunstung existent wird, eine Substanz, die heilen und töten kann zugleich: Salz galt schon den alten Alchemisten als Wundermittel, das mit den Ursubstanzen des Universums in Verbindung stand. Manche wiesen dem Salz gar den „Grund aller Leiblichkeit" zu und glaubten, dass sich alle Materie in Salzform reduzieren ließe. Im Christentum sprach man vom „Salz der Weisheit".
Ein geheimnisvolles Mineral, nützlich und hilfreich für die Menschen. Durch Wasserentzug wirkte es konservierend und verwesungshemmend. Damit aber wurde es zu einem „heiligen" Element für alle, die an ein Weiterleben nach dem Tod glaubten, dazu aber voraussetzten, dass die Seele ihren Körper wiederfinden musste. Deshalb wurde Salz neben anderen Mitteln auch bei der Mumifizierung von Leichen eingesetzt.

Gleichzeitig aber konnte zu viel Salz den Tod bringen oder unheilstiftende Wirkung entfalten. Das weiß man bereits seit mehr als 5 000 Jahren. Im Alten Testament zum Beispiel begegnen uns immer wieder Geschichten, in denen eine feindliche Stadt zunächst verwüstet und anschließend auf ihre Trümmer und das zugehörige Umland Salz gestreut wurde, um es für lange Zeit unfruchtbar und damit unbewohnbar zu machen. Auch die Römer sollen nach der Eroberung von Karthago so verfahren sein, um den unliebsamen Konkurrenten auf Dauer auszuschalten. Kein Wunder also, dass die Menschen das Salz verehrten und gleichzeitig fürchteten. Dass es sogar für die Götter nicht ungefährlich war, wussten schon die alten Griechen. Weil Kronos geweissagt worden war, dass er von einem seiner Kinder vom Thron verdrängt werden würde, fraß er alle gleich nach der Geburt auf. Nur Zeus, der Jüngste, wurde gerettet, weil seine Mutter ihrem Mann einen Stein unterschob. Mit einer Mischung aus Salz und Senf brachte Zeus seinen Vater dazu, die Kinder wieder auszuspeien – Zeus wurde der neue Herr des Himmels.

In einer Zeit, in der man sehr viele Krankheiten noch nicht auf handfeste Ursachen zurückführen konnte, sondern ihr Entstehen dem Einfluss böser Geister, Hexen und Zauberer zuschrieb, hoffte man, ihnen mit Hilfe des Salzes widerstehen zu können. Man schrieb ihm große magische Kräfte zu. Da Salz einst nur schwer und mühsam zu bekommen und deshalb kostbar war, begann man, ihm göttliche Eigenschaften zuzusprechen. Was für uns Heutige umso unverständlicher erscheint, als Salz in unseren Tagen ein Billigprodukt ist, dem man kaum mehr realen Wert beimisst.

Auch aus der Erfahrung begründet, maß man ihm zuweilen schier unglaubliche, im Transzendenten begründete Eigenschaften zu. Das salzhaltige Meer symbolisierte die Fruchtbarkeit. Nicht umsonst war Aphrodite, von den Römern „Venus“ genannt, dem Meer entstiegen; als „Schaumgeborene“ bezeichnete man die Göttin der Liebe deshalb. Vielerorts streute man Salz in das Brautbett, um die Fruchtbarkeit der Ehe zu befördern. Auch die Manneskraft sollten Einreibungen mit Salz steigern. Und überhaupt: Das menschliche Leben beginnt als Fötus im salzigen Milieu des Fruchtwassers. Es musste also eine direkte Beziehung des Menschen zum Salz geben.

Das als heilig erachtete Salz wurde auf die zu opfernden Tiere gestreut. Auch im heiligen Feuer entfachte das Salz, sogar kurzfristig sichtbar, seine göttliche Wirkung. Es ist noch gar nicht so lange her, dass man Salz auch bei der Segnung von Brunnen oder Quellen einsetzte.

Nicht nur im Christentum, in allen Religionen und natürlich im Volksglauben wies man dem Salz diese transzendente, heilige Bedeutung zu. Schon Homer nennt Salz das „Göttliche“.

Und der Historiker Tacitus berichtet vom Streit zweier germanischer Stämme um Salzquellen, wohl an der Saale, weil man glaubte, dass Gegenden mit Salz dem Himmel näher seien und Gebete deshalb eher Gehör bei den Göttern fänden. In der Taufe wurden, vor Jahren noch, dem Täufling ein paar Körner geweihtes Salz auf die Zunge gelegt, was die Abwendung vom Teufel und Hinwendung zu Christus symbolisierte, und es wurden folgende Worte gesprochen: „Nimm hin das Salz der Weisheit, es gedeihe dir zum ewigen Leben.“ Da das gegen böse Geister, Hexen, Zauberer und Teufel helfen sollte, fand es auch beim Exorzismus, der Teufelsaustreibung, Einsatz. Neben Öl, Wachs, Kräutern und Wasser wurde Salz geweiht, damit es seine heilende Kraft für die Menschen entfalten konnte.

Es darf nicht vergessen werden, dass das Salz auch ein starkes freundschafts- und gemeinschaftsbildendes Element ist. Mit Salz wurde die Gemeinschaft mit Gott ebenso besiegelt wie die Gemeinschaft der Menschen untereinander. Das Salzfass, oft in edlem Dekor, bei Herrschern meist in künstlerischer, allegorischer Darstellung, kam bei festlichen Essen auf den Tisch, wenn man den Gast besonders ehren und ihm zeigen wollte, dass man ihm zugetan war. Kam hingegen ein ungebetener Gast, wurde er wohl bewirtet, wie es die Sitte verlangte, aber es stand kein Salzfass auf dem Tisch – man wollte keine Gemeinschaft mit ihm. Noch heute schenkt man Freunden zur Wohnungseinweihung Brot und Salz, um Glück und Segen zu wünschen, aber auch, um das Band der Freundschaft zu bestätigen, verbunden mit dem Wunsch, dass Salz und Brot nie ausgehen mögen. Es ist nach wie vor sprichwörtlich, dass, bei versalzenem Essen, Koch oder Köchin verliebt seien. Das Zuviel an Salz sollte den oder die Geliebten umso stärker an sich binden!

Man glaubte, dass Salz, an bestimmten Tagen geweiht, eine besondere Kraft entfalten würde. Dazu gehört das mit Salz gemischte Blasius-Wasser, das man mit nach Hause nimmt, um mit ihm im Bedarfsfall zu gurgeln, nachdem man sich am 3. Februar im Zuge des Gottesdienstes den Blasius-Segen zwischen den zwei gekreuzten Kerzen gegen Erkrankungen des Halses hat geben lassen. Mit dem Dreikönigssalz hatte es im Alpenraum seine besondere Bewandtnis: Es wurde entweder mit Weihwasser oder gar mit dem Johanniswein, der kurz nach Weihnachten (27.12., Johannes Evangelista) angesetzt worden war, angerührt und zu einem harten Klumpen getrocknet. Bei Bedarf kratzte oder schlug man ein paar Kristalle ab – und Bedarf war immer in den Bauernhäusern der Alpen: Auf der Türschwelle verwehrte es den bösen Geistern den Zutritt, bei Gewitter vor das Fenster gestreut verhinderte es den Blitzeinschlag, bei längeren Fahrten schützte es Reisende vor unvorhergesehenem Ungemach. Die Tiere des Stalles bedachte man häufig mit dem geweihten Salz, dem Ostersalz zum Beispiel, denn die Tiere waren der wichtigste Besitz der Familie: als Kälbchen (damit sie gesund wuchsen), an hohen Feiertagen, zum Schutz vor den Gefahren der Berge (wenn es auf die Alm ging) und als letzte Liebesgabe, wenn ein Tier verkauft wurde. In den Raunächten, zwischen Weihnachten und Dreikönig, wappneten sich Mensch und Tier mit dem heiligen Salz gegen Hexen und böse Geister, die in dieser Zeit Ausgang hatten und ihr Unwesen trieben.

Auch in der Volksmedizin hielt die magische Kraft des Salzes Einzug. Hier sei nur ein Mittel erwähnt, das man Kindern bei Wurmbefall geben sollte: Knoblauch, Asant, Kümmel und Kampfer zu gleichen Teilen vermischt, dazu Schießpulver, Salz und sieben Körner schwarzen Pfeffers sollen drei Tage nach Vollmond in einem Sackerl aus Leinen mit Teer auf den Nabel des befallenen Kindes geklebt werden.
Und damit der Bauer auf seinen Wegen nicht von Hexen verzaubert werden konnte, streute er sich, zumindest in Bayern,

eine Prise geweihten Salzes in die Hutkrempe, was zudem vor dem „bösen Blick“ schützte. Manchmal machte das auch die Bäuerin. Übrigens: Wenn man einem Drachen Salz auf den Schwanz streut, kann er nicht mehr Feuer speien. Er wird dann zu einem ganz gewöhnlichen Drachen.

* Schutzpatrone *

Die Tätigkeiten rund um das Salz und der Weg bis zum Verbraucher waren im Mittelalter und bis weit in die Neuzeit sehr gefährlich, Verletzungen und sogar Tod keine Seltenheit. Was Wunder, wenn sich die Arbeiter der Salinen, die Holzknechte und die Schiffsleute der Hilfe von Schutzpatronen versicherten. Der Hl. Rupert, der zum Ende des 7. Jahrhunderts Bischof von Salzburg war, wurde als der Heilige der Salzarbeiter verehrt und mit einer Salzkufe dargestellt – vor allem in Salzburg und im Rupertiwinkel rund um Berchtesgaden und Reichenhall. Er wird am 24. September, seinem Jahrtag, mit großem traditionellem Gepränge gefeiert.

Für die Holzknechte war der Hl. Vinzenz von Saragossa zuständig. Er wird im bayerisch-österreichischen Alpenraum sehr verehrt. Auf der Predella der Kirche in Hallstatt (ca. 1520) ist er mit einem Holzknechtbeil abgebildet. Bis nach Ruhpolding hinüber wird er am 22. Jänner, seinem Jahrtag, groß gefeiert. Aber auch der Hl. Klemens von Rom und natürlich der Hl. Joseph als Patron der Arbeiter waren hier zuständig. Selbstverständlich daneben die Schutzpatrone der jeweiligen in der Saline beschäftigten Handwerker, etwa der Hl. Eligius, der die Zunft der Schmiede beschützen sollte.

Die Hl. Anna und vor allem die Hl. Barbara (mit dem Turm als Symbol, der gern als Förderturm gedeutet wird) wurden als Schutzpatroninnen der Bergleute verehrt. Die Hl. Barbara ist

jene mit den gleichnamigen Zweigen, die man am 4. Dezember von einem Obstbaum schneidet und die an Weihnachten blühen sollen – ein beliebtes Liebesorakel.
Der Hl. Nikolaus war der hochverehrte Patron der Schiffsleute. Ihm sind viele Kapellen und Kirchen entlang der schiffbaren Flüsse geweiht. Man erkennt ihn auf Bildern oder als Statue an den drei goldenen Kugeln, die er in Händen hält. Aber auch der Hl. Johann Nepomuk wurde um Hilfe angerufen. Er ist der Heilige, der viele Brücken ziert und um dessen Kopf fünf Sterne kreisen. Sie stehen für das lateinische Wort „tacui", was „ich habe geschwiegen" heißt (weil er das Beichtgeheimnis nicht verraten hatte und deshalb in der Moldau ertränkt wurde).
Und wenn man gar die Gnade der Gottesmutter Maria erwirkte, war man fein heraus, denn dann konnte man in der Himmelshierarchie gleich ein paar Etagen überspringen: Zur „Liabn Frau vom Büchl" betete man in Laufen, in Hallein betete man dem Dürrnberg zu, in Salzburg nach Maria Plein – immer zu dem Marienbild, das am nächsten war.

„Namen san Schicksale"

So jedenfalls drückt es der Poet des Innviertels, Uwe Dick, in seiner *Sauwaldprosa* aus. Und er hat recht damit. Denn die allermeisten Namen stehen in einem Zusammenhang mit einer ehemaligen Berufsbezeichnung, einem Wohnort oder einer sonstigen Besonderheit, die ihren Träger kennzeichnete. Für das Salz gilt das auch. Das keltische Wort für Salz ist „hall". Es bezeichnet die ältesten Orte, in denen Salz gefördert wurde: Hall (in Tirol), Hallstatt, Hallein, Reichenhall, aber auch Schwäbisch Hall oder Halle an der Saale – auch so ein Flussname, der auf eine Verbindung mit Salz hindeutet, nur dass das

Wort ursprünglich aus dem Lateinischen kommt („sal" = Salz). Sogar die Bezeichnung für die vor der norddeutschen Küste liegenden Inseln leitet sich von Hall (Salz) ab: die Halligen. Es gab dort weit und breit kein Salz zu kaufen. Deshalb setzten die Einwohner dieser flachen Inseln auf einen Trick: Immer wieder wird der Torf des Inselbodens von salzigem Meerwasser überschwemmt. Die Bewohner trockneten den Torf und schabten dann das auskristallisierte Meersalz ab. Wer weiß, vielleicht blieb ja auch noch etwas übrig, um es auf dem Festland gegen gutes Geld zu verkaufen? Weiter im Norden, auf den Färöer-Inseln, kochte man die salzhaltigen Meeresalgen aus und verbrannte sie, um aus der Asche das notwendige Salz zu gewinnen. Algensalz gibt es auch heute noch und ist gefragt, weil es zusätzliche gesunde Mineralien enthält.
Man kann davon ausgehen, dass alle Ortsbezeichnungen, die „Hall", „Sal" oder „Salz" im Namen führen, etwas mit dem Salz zu tun hatten. Manchmal tritt das nicht deutlich zu Tage. Da gibt es auf halbem Weg zwischen dem Chiemsee und Rosenheim, dort, wo die Autobahn Richtung München den Irschenberg erklimmt, einen Weiler namens „Salzhub". Das war ein Einödhof, bei dem die Zugpferde vor den schweren Salzwägen nach dem anstrengenden Weg bergauf eine Rast machen durften. Auch die Flussnamen Salzach, Saalach, Saale usw. tragen ihre Namen, weil sie in verschiedener Weise mit dem Salz zu tun hatten. Daneben finden wir immer wieder Flurbezeichnungen, Weiler oder ähnliches, deren Namen mit dem Salz in Verbindung stehen: In Pfannen wurde das Salz aus der Sole gesotten, Pfannhauser nannte man die Salinenarbeiter, die an ihnen arbeiteten. „Pfannhäusl" etwa oder „Pfandl", ein Ortsteil von Bad Ischl, wurden Orte genannt, wo die Arbeiter an den Salzpfannen in ärmlichsten Verhältnissen lebten.
Manche Namen weisen heute noch auf einen ehemaligen Zusammenhang mit dem Salz hin. Auf der „Via Salaria" zum Beispiel wurde zu Römerzeiten das kostbare Salz vom Hafen Ostia

bei Rom in die salzarmen Regionen von Latium transportiert. Das heute nur mehr selten gebräuchliche Wort „Salär“ für das Gehalt leitet sich von dem lateinischen Wort „salarium“ (Salzration) ab. Denn früher bezogen die Legionäre des Römischen Reiches einen Teil ihres Lohnes als Salzzuteilungen. Eine Sitte, die auch bei uns bis in das letzte Jahrhundert in Gebrauch stand.

Es gibt viele Sprichwörter und Redensarten rund um das Salz, die zum einen zeigen, wie tief dieses Mineral im täglichen Leben verwurzelt war, zum anderen, welch unterschiedliche Bedeutung man ihm zuschrieb. „Salz und Brot macht Wangen rot“ hieß es noch in früheren Zeiten und es macht deutlich, dass man mit Salz und Brot als Mahlzeit gut auskommen könne. Auch heute noch oder schon wieder spricht man von „gesalzenen Preisen“, wenn man meint, dass ein Kaufpreis sehr oder gar zu teuer sei. Was beim Salz vor ein paar hundert Jahren ja meist der Fall war. Neidgefühle zeigt man, wenn man einer Person „das Salz in der Suppe nicht gönnt“. Andererseits sagt man von einem schlechten Geschäft, dass damit „nicht das Salz in der Suppe“ zu verdienen sei. Ganz allgemein gilt, dass man niemanden einen Freund nennen sollte, mit dem man nicht „einen Scheffel Salz gegessen“ habe, was meint, dass ein Mensch erst nach langer Prüfungszeit Freund genannt werden solle. Wenn ein Mensch schlecht aussieht und man seinen Tod erwarten kann, weist man darauf hin, dass derjenige „keinen Zentner Salz mehr essen“ wird. „Eine Rede ist salzig“, wenn sie mit Schärfe oder Sarkasmus durchtränkt ist. Mit ihr kann man auch „Salz in eine Wunde streuen“, wobei damit auch eine medizinische Wirkung zu erzielen ist. Es brennt in beiden Fällen höllisch. Wenn jemand immer wiederholt, was alle schon wissen oder gar gesagt haben, dann trägt er „Salz ins Meer“. Und wenn Christus im Neuen Testament sagt „Ihr seid das Salz der Erde“, betont er, dass die Gemeinten die notwendige Würze des Lebens seien.

In der Münze von Schwäbisch Hall, einem Ort in Baden-Württemberg, in dem bereits vor unserer Zeitrechnung aus den zutage tretenden Solequellen Salz gewonnen wurde, schlug man den Haller, besser bekannt als Heller. Er wurde als geringwertiges Zahlungsmittel gerne genutzt, anfangs aus Silber geprägt, später dann zunehmend aus geringerwertigem Erz. Sein Wert verfiel stark und man sagte: „Das ist keinen roten Heller wert". Andererseits aber zahlte man seine Schulden „auf Heller und Pfennig" zurück. Oder man haute seinen letzten Heller ganz einfach auf den Kopf.

Fotos:
Seite 56–57: Salzinseln im Toten Meer.
Seite 58: Blick auf Hallstatt.
Seite 59: Ohne Holz kein Salz – der Hl. Vinzenz von Saragossa ist der Schutzpatron der Holzknechte, aber auch der Stadt Lissabon, wo ihm zu Ehren eine Statue errichtet wurde.
Seite 60–61: Bei der „Saliera" handelt es sich um eines der berühmtesten Salzgefäße aus der Zeit der Spätrenaissance. Dieses Meistwerk Benvenuto Cellinis befindet sich heute im Kunsthistorischen Museum Wien. Nach dem Krieg war sie kurzfristig als Leihgabe in der National Gallery in Washington D.C. (Foto) zu bestaunen.

MACHT UND WEGE

„Auf Gold kann man verzichten,
nicht aber auf das Salz."

Cassiodor (ca. 485–580 n. Chr.)

„Salz ist unter allen Edelsteinen,
die uns die Erde schenkt, der Kostbarste."

Justus von Liebig (1803–1873)

So fing es an ...

Bereits in prähistorischer Zeit, also vor 3 000 Jahren und vermutlich weit eher, begann man, dem Salz bergmännisch auf die Schliche zu kommen. Denn das Salz lag verborgen mitten in tonhaltigem Gestein, Sandstein und Mergel, die sich beim gewaltsamen Auffalten der Alpen aufeinander und durcheinander geschoben hatten, dem bereits erwähnten Haselgebirge. Man musste sich zum Salz durchgraben. Zwar waren diese Salzlager hier im ostalpinen Bereich umfangreich und relativ oberflächennah, man konnte sie kaum verfehlen, doch bis man auf sie stieß, dauerte es mit den Werkzeugen der damaligen Zeit, die aus Holz oder Bronze bestanden, Jahre: Der Vortrieb der Bergleute lag nur bei wenigen Zentimetern pro Schicht. Der tiefste Schacht, den man in Hallstatt bisher gefunden hat, ist 350 Meter tief. Es dauerte also, Unwägbarkeiten, Unglücke und Freischichten zu Feiertagen nicht eingerechnet, fast 20 Jahre, bis man diese Schachttiefe erreicht hatte. Wenn man endlich auf eine Salzschicht stieß, war sie meist mit anderem Gestein verunreinigt. Nur ein kleiner Teil, in einer Art Linsen eingelagert, galt als reines Salz – mit einem Gehalt von über 70 %. Diese Linsen aber waren relativ klein, deshalb auch der Weg immer weiter in die Tiefe.

Neben diesem bergmännischen Abbau von Salz gab es noch eine andere Art der Salzgewinnung. Sie war angewiesen auf salzhaltiges Wasser, die Sole. Sie fand man, wo Regenwasser versickerte, sich in einem Salzlager mit dem Mineral vollsaugte und als Quelle wieder zutage trat. Dieses Wasser schöpfte man in Tongefäße und brachte es über Feuer zum Sieden und Verdampfen. Salz blieb am Boden der Gefäße übrig. Man konnte es herauskratzen. Bei dieser Methode allerdings blieb man vom Wetter, von der Schüttung der jeweiligen Quelle und von der Sättigung der Sole mit Salz abhängig. Auch wenn man schon

 Foto Seite 63: Salzwelten Salzburg (Hallein).

kleinere Eisenpfannen benützte, konnten die meisten kleineren Solequellen wie etwa in Bad Hall in Oberösterreich deshalb auf Dauer nur die umliegende Region versorgen. Eine kräftige und dazu hochgrädige Schüttung von Solequellen gab es nur in Reichenhall, was dieser Gegend des „reichen Salzes“ bis ins Hochmittelalter zu einer Art Monopolstellung verhalf.
Im Jahr 696 wurde der Hl. Rupert zum Bischof von Salzburg ernannt. Das Land um Salzburg und bis fast nach Wien war zu dieser Zeit von Baiern aus kolonisiert worden. Bischof Rupert, der später auch Schutzpatron Baierns wurde, erhielt von Herzog Theodo ein Drittel der Reichenhaller Saline als Geschenk, was das Bistum Salzburg zu einem der mächtigsten und wohlhabendsten im Land werden ließ. In diese Zeit fiel ebenso die Entwicklung, dass man über dem Reichtum aus dem Salz das alte römische „Juvavum“ fortan Salzburg nannte. Auch die Flussnamen Salzach und Saalach tauchen damals auf. Die Saline in Reichenhall, die über Solequellen mit der reichsten Schüttung weit und breit verfügte, profitierte am meisten. Sie fuhr große Gewinne ein, denn in der Zeit von 1000 bis 1200 verdoppelte sich die Einwohnerzahl im Gebiet des heutigen Deutschland von vier auf acht Millionen. Man kann davon ausgehen, dass sich im Alpenraum der Viehbestand prozentual noch deutlicher erhöhte, der Salzbedarf also stark anschwoll, zumal die gesamteuropäische Bevölkerung ebenfalls deutlich anstieg. Reichenhall galt zu dieser Zeit als „Exportweltmeister“.
Das 13. Jahrhundert war die Zeit einer großen agrarischen Revolution: Die Anbaumethoden verbesserten sich, die Sense ersetzte die Sichel, das Kummet wurde erfunden, mit dem die Pferde viel höhere Lasten ziehen konnten als mit einem Brustgeschirr, das, unter Belastung, die Atmung einschnürte; mit der drehbaren Achse für Karren setzte sich der vierrädrige Wagen durch, auf dem mehr Salz geladen werden konnte. Aber auch in technischer Hinsicht tat sich allerhand. Die Schmiede vervollkommneten ihren Umgang mit Eisen und lernten, großflächige Pfannen

zum Versieden der Sole herzustellen. Dazu nieteten sie rechteckige Eisenbleche dachziegelartig überlappend übereinander. Diese Pfannen erreichten bald eine beträchtliche Größe. Damit konnte man die erhöhte Nachfrage nach Salz für geraume Zeit befriedigen. Eine Herausforderung aber blieb bis in die zweite Hälfte des 13. Jahrhunderts ungelöst: Bei aller Ausweitung der Produktion konnte man die Fördermengen des Salzes nur unwesentlich erhöhen. Die Schüttungsmengen der Quellsole markierten eine natürliche Produktionsgrenze. Auch der bergmännische Abbau behob das Problem nicht. Die Kapazitäten konnten den tatsächlichen Bedarf der anwachsenden Bevölkerung nicht befriedigen.

Das Laugverfahren als Revolution

Ein Durchbruch folgte, als man in der zweiten Hälfte des 13. Jahrhunderts am Dürrnberg, dem Salzberg von Hallein, das „Laugverfahren" einführte – eine Kombination des bergmännischen Abbaus von Salz mit der Siedetechnik aus Quellsole: „Nassen Abbau" nannte man es fürderhin. Bereits Ende des 12. Jahrhunderts hatten die Zisterzienser des Klosters Rein in der Steiermark, die auch im Salzkammergut begütert waren, mit diesem Verfahren experimentiert, das sie wahrscheinlich von ihren Ordensbrüdern in Lothringen abgeschaut hatten. Mit dieser neuartigen Methode konnte man die Salzgewinnung an die Erfordernisse des Marktes anpassen: Die Salzproduktion hatte eine neue, höhere Stufe erreicht, die sich in Zukunft sowohl wirtschaftlich als auch politisch auswirkte. In einen Salzstock, man musste sich nicht mehr bis zum reinen Steinsalz vorarbeiten, sondern konnte den Salzlagen waagrecht folgen, schlugen die Bergleute eine Kaverne, einen großen Hohlraum, das sogenannte Sinkwerk. Es wurde mit Süßwasser befüllt, welches das

Salz aus dem Haselgestein löste. Etwa sechs Wochen dauerte solch ein Arbeitsschritt, dann konnte das mittlerweile hochgesättigte Salzwasser erst mit Galgen, an denen Schöpfeimer hingen, später mit Schöpfrädern hochgepumpt und in den Pfannen versotten werden. An den Schöpfrädern, Mühlrädern gleich, waren außen Eimer aus Leder angebracht. Angetrieben wurde das Schöpfrad von Frauen, den sogenannten „nassen Weibern", die in Sechs-Stunden-Schichten dafür sorgten, dass die Sole aus dem Sinkwerk (Verlaugungshohlraum) zu den Sudpfannen kam. Es wurde neues Wasser eingelassen und der Vorgang wiederholte sich – ad libitum. Das heißt, auch hierbei gab es Grenzen, auf die der Name Sinkwerk hinweist. Die nichtlösbaren Teile des salzhaltigen Gesteins fielen aus und sanken zu Boden: ein großer Vorteil, wenn man es auf möglichst reines Salz angelegt hatte. Andererseits füllten diese ausfallenden Stoffe das Sinkwerk von unten nach oben langsam auf. Irgendwann erreichte der Boden die Decke, das Sinkwerk konnte nicht mehr benutzt werden. Ein neues musste gegraben werden oder bereits zur Verfügung stehen. Da ein Schacht pro Schicht nur bis zu sieben Zentimeter vorangetrieben werden konnte, dauerte die Einrichtung eines neuen Sinkwerks ausgesprochen lang.
Mit dieser revolutionären Neuerung des „Laugverfahrens" konnte Salz in nahezu beliebiger Menge produziert werden. Nicht mehr die Menge des zur Verfügung stehenden Minerals begrenzte die Quantität. Es kam auf die Kapazität der jeweiligen Saline und die eingesetzten Arbeiter an, der Schwerpunkt der Arbeit verlegte sich nunmehr auf die Saline und die Versiedung der Sole.

Es war wie so oft: Jede Neuerung schafft neue Probleme, die gelöst werden wollen, um die Neuerung dauerhaft durchzusetzen. Die nun in großer Menge zur Verfügung stehende Sole musste versotten werden, was einen hohen Energiebedarf erforderte, der nur mit Holz zum Befeuern der Pfannen gedeckt werden konnte. Aber da man riesige Mengen an Holz brauchte, um Salz zu sieden, waren die umliegenden Wälder bald abgeholzt. Was tun? Es entwickelte sich langsam der damals revolutionäre Gedanke, dass das Salz dem Holz folgen müsse, die Sole also dahin zu transportieren sei, wo genügend Holz für die Sudpfannen zur Verfügung stehen würde. Gegen Ende des 16. Jahrhunderts begann man, Soleleitungen von den Bergwerken zu Orten zu legen, an denen eine auch in Zukunft ausreichende Holzzufuhr gesichert erschien. Im Salzkammergut war das Ebensee am Traunsee, in Baiern erbaute man eine neue Saline in Traunstein, später sogar noch in Rosenheim, wohin man die Sole über Leitungen aus Holzrohren, sogenannten Deicheln, fließen ließ.

Ohne Holz kein Salz – ohne Wasser kein Holz

In dem Augenblick, in dem man gelernt hatte, Salz in beinahe beliebigen Mengen zu produzieren, kam das Holz ins Spiel und es sollte die Salzproduktion vor neue, riesige Herausforderungen stellen, die man erst im 19. Jahrhundert, also nach 500 Jahren, endgültig zu bewältigen lernte. Natürlich spielte Holz schon vor der Entwicklung des Laugverfahrens eine große Rolle. Holz war *das* Material des Mittelalters schlechthin, auch wenn mit dem Eisen bereits hantiert wurde. Aber es wurde immer noch sehr spärlich eingesetzt im täglichen Leben der Menschen. Spaten etwa machte man noch lange aus Holz, nur an der Stichkante wurde ein kleiner Eisenbeschlag angebracht, um die Haltbarkeit zu erhöhen. Holz diente zum Bau von Häusern aller Art, von Schiffen, Kutschen und Fuhrwerken, zur Herstellung von Werkzeugen, zum Heizen und vielem mehr. Die Traun zum Beispiel floss bereits im Mittelalter auf weiten Strecken in künstlichen Ufern, deren Verbauungen aber aus Holz waren. Die vielen Mühlräder und der zugehörige Mühlschuss, die Klausen an

den Seitenbächen der Flüsse, die Deputate zum Heizen und Kochen – alles aus Holz. Beim Salz war es umso notwendiger, als man bis in die Neuzeit hinein Werkzeuge, die mit Salz in Berührung kamen, aus Holz fertigen musste, da Salz alle anderen Werkmaterialien auffraß. Das galt etwa auch für das Schuhwerk von Knappen und Pfannhausern, deren Sohlen aus Holz und Gummi bestehen mussten, um nicht in Kürze dem Salz zum Opfer zu fallen und zerfressen zu werden.
Mit dem Laugverfahren trat man in eine erste industrielle Fertigung des Salzes ein. Man konnte immer weiter entfernte Märkte und immer mehr Menschen ausreichend mit dem lebensnotwendigen Mineral bedienen. Das Problem der Salzsieder bis ins 19. Jahrhundert aber lag in der Beantwortung der Frage: Wo bringt man genügend Holz zum Befeuern der Sudanlagen her, wenn auf einmal viel mehr Sole zum Versieden da war? Nur ein Beispiel: In einer Siedewoche der Saline Traunstein wurden aus 432 000 Litern Sole 110 Tonnen reines Salz gewonnen. Dazu benötigte man ungefähr 200 Klafter Holz. Das Klafter zu etwa drei Festmetern gerechnet also 600 Festmeter Holz. Woher nehmen, wenn in guten Jahren mehr als 30 000 Tonnen Salz, also etwas mehr als 100-mal so viel, erzeugt wurden? Im holzreichen Salzkammergut brauchten die Salinen so viel Holz, dass man sich nicht erlauben konnte, etwas davon zu exportieren. Und wie kamen diese Mengen Holz zur Saline? Ein gewaltiges logistisches Unterfangen! Um dieses gravierende Problem für die Salzherren zu lösen, tauchten immer wieder „Feuerkünstler" auf, die versprachen, gegen gutes Geld die notwendige Befeuerung auf anderen, zum Teil „magischen" Wegen zu erzielen. Holz sei dazu nicht notwendig. Wie nicht anders zu erwarten, scheiterten sie alle. Dennoch wurden einige von diesen Scharlatanen über ihre hohlen Versprechungen reich.

Holz, neben dem fließenden Wasser der einzige Energielieferant über Jahrhunderte, war – das erwies sich sehr schnell – für die

Salzproduktion essentiell: ohne Holz kein Salz. Der Wald, die Holzknechte und, in ihrem Gefolge, die Wasserbauer wurden nicht nur zu einem integralen, sondern zum entscheidenden Teil des Systems der Salzgewinnung.

Anfangs, noch vor dem Beginn der Massenfertigung im Laugverfahren, schlugen die Holzknecht das Holz in den Wäldern nahe den Salinen und es scheint, als haben Ochsen oder Pferde zum Aufbringen der Stämme genügt. Aber schon bald erwies sich, wie wichtig ein größerer Bach oder gar Fluss als Verbindung zwischen Holz und Saline war. Denn auf dem Wasserweg konnten die Stämme, die auf eine Länge von ungefähr einem Meter gekürzt worden waren, ihr Ziel schwimmend und ohne Einsatz zusätzlicher Energie erreichen. Diese Methode gewann umso größere Bedeutung, als die Holzknechte in immer weiterem Umkreis von den Salinen Holz schlagen mussten, um den wachsenden Bedarf an Feuerholz zu decken. Man orientierte sich an den Flusssystemen von Traun, Salzach und Saalach und ihren Nebenflüssen und -bächen; die Holzknechte stiegen immer höher hinauf in die Bergwälder, um den notwendigen Nachschub zu fällen. Dies geschah bis ins 15. Jahrhundert ausschließlich mit der Axt, erst dann hielt die Säge Einzug in das Werkzeug der Holzknechte, was die Arbeit sehr erleichterte und zudem weniger Abfall produzierte. Die Bäume wurden gefällt, entastet, entrindet und auf die gewünschte Länge gekürzt und sicher aufgeschichtet. Die Tätigkeit am Berg war hart und gefährlich. Die Holzknechte stiegen am Montagmorgen zeitig auf, Sappie und Säge über der Schulter, im Rucksack den Proviant für die nächsten sechs Arbeitstage: Mehl und ein gehöriger Batzen Schmalz. Aus diesen Zutaten bereitete jeder Holzer des Abends den berühmten und nahrhaften Holzhackerschmarrn. Fleisch gab es kaum. Es mag sich aber durchaus zugetragen haben, dass der eine oder andere nach getaner Arbeit seinen Stutzen hervorholte, ihn zusammensetzte und zum Wildern ging. Die Freitage waren dabei besonders beliebt, konnte man doch am Samstagabend, wenn man heimkehrte, der Familie unten im Tal auch noch ein Stück Fleisch mitbringen. Manchmal aber verschwand so ein wildernder Holzknecht mit seinem Rucksack heimlich in der Küche des dörflichen Wirtshauses, um das Fleisch zu verkaufen.

Die nicht in Privatbesitz befindlichen Wälder gehörten nach römischem Recht, das die bairischen Herzöge entgegen dem alten bajuwarischen Stammesrecht übernommen hatten, dem Landesherrn, der für den laufenden und umfangreichen Nachschub an Feuerholz für die Sudpfannen – die sich oft ohnehin in landesherrlichem Besitz befanden, aber meistens verpachtet waren – sorgen musste. Um einen kontinuierlichen Nachschub zu gewährleisten, musste der Abtransport des Holzes vom Berg gesichert sein. Die besten und schnellsten Transportwege waren starke Bäche und Flüsse. Das aber hieß, dass die Salinen mit ihren Sudpfannen ganz in der Nähe von Flüssen sein mussten, auf denen das Feuerholz geschwemmt wurde. Dort baute man Rechen über die Flüsse, an denen die antreibenden Stämme sich verfingen, aufgesammelt, gespalten und auf einen benachbarten Lagerplatz zum Trocknen gelagert werden konnten.
Herausfordernder war es, das Holz vom Berg in den Fluss zu bekommen. Und es wurde immer schwieriger, weil die Holzknechte, um das notwendige Holz zu beschaffen, in immer noch höhere Lagen steigen mussten. Dorthin, wo wegen der raschen Versickerung des Regens kaum größere Bäche zu finden waren. Deshalb baute man „Riesen", Holzrutschbahnen aus geschälten Stämmen, die oft viele hundert Meter lang und sehr steil zu Tal führten. Im Sommer geschlagen wurde das Feuerholz auf diesen Riesen im Winter zu Tal gebracht. Dann nämlich konnte man die Riesen mit Wasser vereisen, was die Geschwindigkeit, mit der die Stämme zu Tal schossen, deutlich erhöhte – die Gefahr für die Holzknechte, die die Riesen zu sichern hatten, aber auch. Denn immer wieder wurde ein Stamm aus

der Riese geschleudert und schoss unkontrolliert durch die Luft. Mit einem sinnreichen System von leicht verständlichen Rufen verständigten sich die Holzer untereinander, um so die Gefahr für Leib und Leben zu minimieren. Am Königssee bei Berchtesgaden schossen die Stämme aus der Riese über eine Steilwand direkt in den See, wurden von einer Art hölzernem Netz über ein System von Booten zusammengefangen und zum Bestimmungsort gerudert.
Die Bäche, das Ziel dieser Riesen, führten oft nicht genügend Wasser, um die Stämme nach unten zum Fluss zu schwemmen. Deshalb baute man Klausen, hinter deren hölzernem Damm sich das Wasser anstaute. Wenn der Wasserstand hoch genug war, wurde die Klause angeschlagen, das Wasser schoss in einem gewaltigen Schwall zu Tal und riss das Feuerholz mit sich. Auch hier war die Arbeit lebensgefährlich. Denn wenn sich Stämme im Bachbett verkeilten, mussten die Holzer dort hinunter und mit dem Sappie den Stau auflösen.
In den Flüssen angekommen trieben die Stämme flussabwärts, bis sie von Rechen, die vor den Salinen über den Fluss gebaut waren, hängenblieben und geborgen werden konnten. Sie wurden auf den Scheiterplatz gebracht, wo sie trockneten und bevorratet wurden.

In den Forstämtern begann man im späten Mittelalter bereits über Nachhaltigkeit nachzudenken und in den gerodeten Bergwäldern wurde immer wieder nachgepflanzt: Die Fichtenmonokulturen hielten Einzug und sind in weiten Teilen nicht nur rund um Inn und Salzach immer noch verbreitet. Damals boten Fichten große Vorteile: Sie wuchsen schneller und gerader als die meisten anderen Bäume, zudem zeigten sie deutlich bessere Schwimmeigenschaften, was den Transport der Stämme von der Fällung zur Verwendung deutlich erleichterte.
Im 16. Jahrhundert zeigte sich, dass diese Vorkehrungen zur Sicherung des Holznachschubs nicht mehr genügten. Denn die

Wälder rund um die Salzorte von Inn und Salzach wiesen jedes Jahr neue, große Lücken auf, die nicht mehr so schnell aufgeforstet werden konnten. So gesehen war es ein Glück, dass im Laufe des 19. Jahrhunderts in Rosenheim die Beheizung mit Torf aufkam und gegen Ende des Jahrhunderts die Steinkohle in den Salinen Einzug hielt.

Auch ein weiteres Problem konnte auf relativ elegante Weise gelöst werden, wenn die Saline in der Nachbarschaft eines Flusses gebaut war: der Abtransport des Salzes in immer größeren Mengen in immer weiter entfernte Absatzmärkte. Der Weg etwa von der Salzach über den Inn nach Passau und von dort weiter nach Wien oder Ungarn ebenso. Aber schon die Strecke von Passau donauaufwärts nach Regensburg konnte zunächst nur von treidelnden, also Schiffe ziehenden Menschen bewältigt werden. Erst im Lauf des 14. Jahrhunderts begannen diese anstrengende Arbeit schwere Zugpferde zu erledigen. Wenn auch manchmal die Pferde zurückstehen mussten, um den Menschen Arbeit und Brot zu verschaffen. Und das letzte Stück des Weges zu den Endverbrauchern hatte das Salz ohnehin auf dem Landweg zurückzulegen.

Die ältesten Pipelines der Welt

Mit der Zeit lichteten sich die Bergwälder, der Waldbestand schrumpfte, die Beschickung der riesigen Pfannen zur Versiedung der gewonnenen Sole schien gefährdet. Im 15. Jahrhundert, so heißt es, habe es in den Bergwäldern rund um Berchtesgaden und Reichenhall kaum mehr einen schlagbaren Baum gegeben.

Die im vorherigen Kapitel bereits notierte neue Idee, dass das Salz in Zukunft dem Energieträger Holz folgen sollte, war so

einfach wie zukunftsweisend. Die Salinen sollten dorthin verlegt werden, wo genügend Wald, sprich Holz, zur Verfügung stand. Und wo es obendrein ein Bach- und Flusssystem gab, das den Transport des Holzes leicht bewerkstelligen ließ. Denn eines war klar in dieser Zeit: Sole war leichter zu transportieren als Holz, wobei sich sehr schnell herausstellte, dass Leitungen zu verlegen im Gebirge seine Tücken hatte. Elektrisch betriebene Pumpen, welche die Sole im Bedarfsfalle bergauf pumpen konnten, gab es noch lange nicht. Man musste Strecken für den Verlauf der Pipelines wählen, auf denen die Sole bergab fließen konnte – im Gebirge eine nur schwer zu lösende Aufgabe.
Die große Herausforderung für die damaligen Handwerker waren die Rohre, in denen die Sole fließen sollte. Es waren 4–4,5 Meter lange Fichtenstämme, in die mit einem Handbohrer der Länge nach ein Loch mit 12 Zentimetern Durchmesser gebohrt werden musste. Eine Leistung, die große Erfahrung und handwerkliches Können erforderte.

Die beiden ersten Pipelines dieser Welt schlossen die Solelieferanten von Hallstatt, Bad Ischl und Altaussee zusammen und führten die Sole zur neuen gemeinsamen Saline nach Ebensee am Traunsee, der nicht nur von großen, bisher ungenutzten Wäldern umgeben war, sondern über die Traun, ihre Zuflüsse und diverse Seen auch hervorragende Triftmöglichkeiten für das geschlagene Holz bot. In den Jahren 1595 bis 1607 wurde eine Soleleitung aus über 13 000 Deicheln bis zur 1604 neu errichten Saline von Ebensee gebaut. Diese 34 Kilometer lange Leitung erfüllt auch heute noch ihren Zweck, allerdings wurden mittlerweile die alten Holzrohre durch Kunststoffrohre ersetzt.
Auf dem Weg nach Ebensee musste die Soleleitung ein großes Hindernis überwinden: Der Gosaubach hatte sich 23 Meter tief in die Erde gefressen und musste überbrückt werden. Die Leitung fiel steil in das Bachbett hinab, die Sole holte Schwung

und wurde von ihrem eigenen Schwung auf der anderen Seite (durch Zwang) wieder in die Höhe gedrückt. Deshalb der Name „Gosauzwang“. Das Problem dabei war, dass der Leitungsdruck beim Abfallen so hoch wurde, dass die Holzleitungen ihm oft nicht Stand hielten und rissen, obwohl sie mit eisernen Beschlägen verstärkt worden waren. Erst 150 Jahre später (1757) löste der Salinenmeister Josef Spielbüchler das Problem: Er ließ 30 Meter hohe Brückenpfeiler mauern. Auf der darauf gebauten Brücke konnte die Sole ungehindert und bergab nach Ebensee fließen. Als die ersten Holzbalken über die Pfeiler geschoben werden sollten, so erzählt Alfred Komarek, sei extra eine wichtige Beamtenkommission des Salzoberamtes aus Gmunden angereist, die sich – offenbar relativ hilflos angesichts der schwierigen Aufgabe – zunächst zum Mittagessen ins nahe Wirtshaus zurückzog. Als sie später wieder auf die Baustelle kam, war die Arbeit getan. Spielbüchler hatte zwischenzeitlich die ersten Tragbalken über die Pfeiler schieben lassen, worauf die Herren den Salinenmeister wegen Unbotmäßigkeit entlassen wollten – was sie allerdings später wieder zurücknahmen. Denn die Soleleitung arbeitete einwandfrei, auch ohne höheren staatlichen Segen.

Als man bei den Reparaturarbeiten zu Beginn des 17. Jahrhunderts an der Reichenhaller Solequelle auf eine weitere, noch kräftigere Solequelle stieß, wollte man die Gelegenheit nicht ungenutzt verstreichen lassen, mehr Salz auf den Markt bringen zu können. Dies kollidierte allerdings auch hier mit dem Problem der Holzzufuhr für die Pfannen, zumal ein Teil der Wälder auf fürstbischöflich-salzburgischem Gebiet lag und das Verhältnis zwischen Baiern und Salzburg, gerade wegen des Salzes, nicht zum Besten stand. Also hieß es auch hier, die Saline an einen Ort zu verlegen, an dem Holz in ausreichendem Maße zur Verfügung stand – und nach einigem Hin und Her wählte man Traunstein als neuen Standplatz für eine Zweigsaline aus.

Denn mit der Traun (auch hier gibt es eine Traun) verfügte die Stadt über einen triftbaren Fluss, der aus dem sehr waldreichen Gebiet um Inzell und Ruhpolding kam, das noch dazu ohnehin im Besitz des Landesherrn war. Der Lauf der Soleleitung war nicht einfach zu bestimmen. Die beiden ersten Varianten lagen zu nah am salzburgischen Gebiet und man glaubte sie deshalb nicht sicher. Also wählte man einen dritten, der deshalb kompliziert war, weil die Sole nicht stetig bergab nach Traunstein fließen konnte, sondern ein paar Mal nach oben gepumpt werden musste: Denn Reichenhall lag 482 Meter hoch, die Saline Traunstein aber 580 Meter; damit die Sole bergab fließen konnte, musste sie bis in eine Höhe von 725 Meter gepumpt werden. Der Hofbaumeister Hanns Reiffenstuel und sein Sohn Simon erhielten den Auftrag und erbauten von 1617–1619 sieben Brunnhäuser, für die sie Kolbendruckpumpen konstruierten, welche die Sole auf ein höheres Niveau, bis zu 50 Meter, hoben. Dazu dienten sieben Meter hohe Mühlräder, die, oberschlächtig, von Aufschlagwasser angetrieben wurden. Für dieses Aufschlagwasser wurde, ein gutes Stück oberhalb, das Wasser verschiedener Bäche zusammengeführt und über ein Rohr bis zum Mühlrad geleitet, was den notwendigen Druck erzeugte, die Sole bis zur gewünschten Höhe zu pressen. Die Steigleitungen wurden in München aus Blei gegossen, um dem Pressdruck standzuhalten.

Zur gleichen Zeit, als die 31 Kilometer lange Salinenleitung aus mehr als 9000 Deicheln gebaut wurde, errichteten die Arbeiter die sieben Brunnhäuser, deren Brunnwarte tägliche Kontrollgänge unternahmen und dabei gleichzeitig die Brunnpost besorgten, die mit der fließenden Sole viel kürzer unterwegs war als die herkömmliche Post. Da die hölzernen Rohre immer wieder von Lawinen oder abgehenden Muren beschädigt wurden oder vom zu starken Druck sprangen, wurden weitere Deicheln in Reserve gehalten. Sie lagen in der „Deichelbeize“ im Wasser, damit sie bei Einsatz nicht so leicht sprangen. Sie wurden auch benötigt, wenn Anwohner wieder einmal so ein hölzernes Rohr anbohrten und Sole abzapften, um selbst Salz daraus zu kochen. Dieser Diebstahl nahm solche Formen an, dass man den Tätern sogar mit der Todesstrafe drohte.

Ebenfalls zur gleichen Zeit errichteten die Reiffenstuels die Saline in Traunstein mit vier Sudhäusern und allen anderen Bauten, die zum Betrieb der Saline und als Werkswohnungen dienten. An der Traun wurden die Triftanlagen eingerichtet, im Gebirge mehrere Klausen, die den Nachschub von Feuerholz sichern sollten. Solche Klausen kann man heute noch bei Ruhpolding sehen. In der Laubau, etwas außerhalb des Ortes, befindet sich das Holzknechtmuseum; im Umkreis sind auch Klausen zu besichtigen.
Dieser hier mit den neusten technischen Möglichkeiten errichtete Soleleitungsweg funktionierte die nächsten 200 Jahre ohne Probleme. Erst in den Jahren 1808 bis 1810 wurde die Soleleitung von dem Mechaniker, Erfinder und Ingenieur Georg von Reichenbach bis nach Rosenheim verlängert, wo neben dem Holz auch viel Torf zum Feuern abgebaut werden konnte, und man modernisierte die alten Leitungen: Mit der Reichenbachschen Wassersäulenmaschine konnte jetzt die zweieinhalbfache Menge an Sole gepumpt werden und sie versah bis in die 30er Jahre des 20. Jahrhunderts ihren Dienst. Eine zweite Maschine dieser Art ist im Salinenviertel von Traunstein ausgestellt. In den Jahren 1816/17, Berchtesgaden wurde 1810 bairisch, baute Reichenbach die 29 Kilometer lange Soleleitung vom Salzbergwerk Berchtesgaden bis nach Reichenhall, die in die Leitung nach Traunstein und Rosenheim mündete. Und in den 60er Jahren des 20. Jahrhunderts wurde eine neue Leitung über Hallthurm mit höherer Kapazität gebaut, sie ist heutzutage noch im Einsatz. Wobei zur Verdeutlichung angemerkt sein soll, dass die Pipeline von Reichenhall bis Traunstein über 293 Jahre, die von Traunstein nach Rosenheim bis zu ihrer

Stilllegung immerhin noch 149 Jahre lang brav ihren Dienst geleistet hat. (Die beiden oberschlächtigen Wasserräder von je 13 Metern Durchmesser, welche die Sole aus den Reichenhaller Quellstuben nach oben befördern, arbeiten heute noch).

In Traunstein und überhaupt im Chiemgau behaupten viele, die erste Pipeline der Welt sei zwischen Reichenhall und Traunstein verlaufen, obwohl sie erst einige Jahre später als die Soleleitung im Salzkammergut gebaut wurde. Mit einem Augenzwinkern argumentiert man, dass bei einer „richtigen" Pipeline der Inhalt stets mit Druck durch die Rohre gepresst werde. Bei den Reiffenstuelschen Kolbenpumpen funktioniere es ebenso. In der Soleleitung des Salzkammergutes fließt die Sole hingegen ohne Druck ganz einfach immer bergab bis Ebensee. Demzufolge war die bairische Soleleitung wirklich die erste Pipeline der Welt.

Streitereien um Macht und Geld

Rund um Inn und Salzach gab es vier Herrschaften, die sich über das Mittelalter hinweg und bis zum Beginn des 19. Jahrhunderts um diese Macht und den immensen Reichtum, den man aus dem Salz generieren konnte, stritten – mal lautstark, mal mit gefälschten Dokumenten oder juristischen Spitzfindigkeiten, mal in kriegerischen Auseinandersetzungen oder mit Verträgen, die man abschloss und wieder brach: die Habsburger mit ihrem Privatbesitz, dem Salzkammergut, das Herzogtum Baiern der Wittelsbacher, der jeweilige Fürsterzbischof von Salzburg und die Fürstpropstei der Augustiner-Chorherren von Berchtesgaden – obwohl die, deren Territorium zwischen Baiern und Salzburg eingezwängt war, immer auf Zusammenarbeit und Hilfe eines übermächtigen Nachbarn zu hoffen hatten und deshalb im Konzert der Großen keine große Rolle spielten, sondern sich immer gegen die Begehrlichkeiten der großen Nachbarn zur Wehr setzen mussten. Obendrein gab es vielerlei unterschiedliche Rechte in fremden Herrschaftsgebieten und Verschränkungen von gegenseitigen Herrschaftsansprüchen, die die Sache nicht einfacher machten. So war das Erzbistum Salzburg Herr des Suffraganbistums Chiemsee, mitten im bairischen Herrschaftsgebiet. Was dazu führte, dass man den Regionalbischof nicht auf Herrenchiemsee, sondern im Chiemseehof in Salzburg residieren ließ, um etwaigen Repressalien Baierns vorzubeugen und ihn auch gewiss bei der Salzburger Stange zu halten. Heute tagt in diesem Gebäude der Salzburger Landtag. Außerdem war der Fürsterzbischof von Salzburg Vorsitzender der Kirchenprovinz Baiern, was ihm nicht unbedeutenden Einfluss auf die Politik des Landes verschaffte.

Die Rechte am Salz waren nicht zwangsläufig mit den so notwendigen Rechten an Wald und Holz verbunden. Die Pinzgauer Waldungen, aus denen Reichenhall etwa sein Feuerholz bezog, waren in österreichischem Besitz. Komplizierte Spiele um Einfluss, Macht und Geld über Jahrhunderte daher inklusive.
Das Salzkammergut war autark, da es das Salz aus seinen Bergwerken mit Energie aus den eigenen Salinenwäldern sieden und dann auf der durch keine Fremdrechte eingeschränkten Traun in Regionen transportieren konnte, die dem eigenen Einfluss unterlagen und deshalb der Konkurrenz wenig Raum boten. Was dazu führte, dass die großen Streitigkeiten, die fast ausschließlich um das Holz als Energielieferant und den Schiffstransport des Salzes gingen, von kleinen Ausnahmen abgesehen, hauptsächlich zwischen Baiern und Salzburg ausgetragen wurden.
Das Bergwerk von Hallstatt, einst Namensgeber für eine ganze Epoche, scheint in der Römerzeit verschwunden und erst im 14. Jahrhundert die Salzförderung wieder aufgenommen zu haben.

Im Ausseerland, auch eine der Gegenden mit Salzförderung weit vor unserer Zeitrechnung, wurde erst 1147 wieder ein Bergwerk erwähnt. Bis dahin konkurrierten allein die Salzvorkommen von Reichenhall und Hallein miteinander.

Bis zur Wende des 12. zum 13. Jahrhundert wurde der Salzbedarf eines weiten Umfeldes, von Baiern, dem späteren Österreich, Böhmen, Schwaben und der Schweiz alleine aus den zu Tage tretenden Solequellen der Natursaline Reichenhall gedeckt, wo bürgerliche Salzherren, die Halliger oder Salzfertiger, in einer Art Genossenschaft das Sagen hatten. Schon die Raffelstetter Zollordnung vom Beginn des 10. Jahrhunderts vermerkte, dass der Salztransport auf der Donau bedeutsamer noch war als der Handel mit Sklaven oder Pferden. Auf der Salzach transportierte man bereits seit dem 6. Jahrhundert Salz. Im Jahr 1168 wurde Salzburg in Vollzug einer Reichsacht zerstört, die auf dem Laufener Reichstag vom Fürstengremium beschlossen worden war. Das Halleiner Salzbergwerk auf dem Dürrnberg war davon anscheinend nicht betroffen. 30 Jahre später ließ der Erzbischof, vielleicht aus Rache, Reichenhall einäschern und schaltete damit gleichzeitig die Saline aus, die dem Aufstieg des salzburgischen Hallein im Weg stand.

Bis ins 16. Jahrhundert übernahm daraufhin das salzburgische Hallein die Marktführerschaft im Salzhandel Mitteleuropas. Der Erzbischof sah es mit Freude. Dazu trug entscheidend bei, dass im 13. Jahrhundert die Territorienbildung einsetzte und sich damit die Landesgrenzen und ebenso die Landesrechte auszuformen begannen. Das Erzbistum Salzburg untersagte den Wassertransport des bairischen Salzes auf salzburgischem Gebiet bis Laufen. Die bairischen Pfannen waren deshalb fortan alleine auf den Landweg angewiesen, was den Transport deutlich erschwerte. Nur gut, dass im selben 13. Jahrhundert das Kummet erfunden wurde und die drehbare Achse für Wägen, was den

Landtransport leichter machte. Andererseits war es so, dass die Salzach hinter Laufen und Inn nach der Verfestigung der Landesgrenzen bis zur Mündung in die Donau bairisch geworden war und damit den Halleiner Salztransport zu Wasser ebenfalls stoppen konnte. Salzburg und Baiern mussten sich also verständigen, sollten die Salztransporte die Donau erreichen wollen.

Das Salzkammergut hatte es da leichter. Nachdem der Habsburger Herzog Albrecht seinen Salzkrieg gegen Salzburg 1297 siegreich beendet hatte, schenkte er das Ischlland, wie es damals noch hieß, seiner Frau, Elisabeth Gräfin von Görz, als Erbbesitz. Womit es zum Kammergut, also zum persönlichen Besitz der Habsburger wurde. Zum Salzkrieg war es gekommen, weil neue Salzvorkommen im Gosautal und bei Goisern erschlossen und die Hallstätter Förderung intensiviert worden war. Der Salzburger Erzbischof beharrte auf seinem vermeintlichen Handelsmonopol für Hallein und ließ die Salinen und die zugehörigen Dörfer der Pfannhauser zerstören. Der Habsburger Herzog rächte sich blutig. Mit dem Friedensschluss von 1297 war der Traum des Erzbischofs von einem Salzmonopol zumindest auf der Seite des Salzkammergutes beendet.
Die Salzgewinnung in den Salinen von Hallstatt, Aussee und Ischl wurde fortan hoheitlich und von einer Hand kontrolliert und blieb ohne Unterbrechung im Staatsbesitz bis 1998. (Übrigens: Das „innere Salzkammergut" umfasst die Region, in der Salz gefördert wird oder wurde, also den Hallstätter See, das Gosautal, das Ausseerland und die Gegend um Bad Ischl. Als „äußeres Salzkammergut" wird die Region nördlich davon bezeichnet.)

Schon früh begannen die Habsburger, fremde (sprich bairische) Salzlieferungen nach Böhmen einzuschränken, die von Passau oder Regensburg aus über den „Goldenen Steig" auf dem Landweg nach Böhmen kamen. 1706 erfolgte dann die komplette Sperrung. Das Verbot, Salz und andere Produkte in die böhmischen Kronlande einzuführen, führte zu einem starken Auftrieb von Schmuggel. „Schwirzer" nannte man die Schmuggler, die mit Kraxen auf dem Buckel auf versteckten Saumpfaden über den Bayerischen Wald nach Böhmen zogen, wohl wegen ihrer mit Ruß gefärbten Gesichter, die sie unkenntlich machen sollten. Es gibt dazu ein Volkslied, das seit damals gern gesungen wird – und es beginnt so:

Mia samma de Schwirza vom Landl,
vom Woid an da bäimischn Grenz'.
Mia schwirzn as Soiz und an Zugga
und schwanz ma d'Finanza ra weng!

(Hinweis: „Schwanzn" heißt auf bairisch, jemanden an der Nase herumführen; die vorgeführten „Finanza" sind Zollbeamte.)
Auch in anderen Teilen der Monarchie versuchten die Habsburger dem kaiserlichen Salz aus dem Salzkammergut zu einer Monopolstellung und entsprechend hohen Preisen zu verhelfen. So verbot Kaiser Franz Joseph Meersalz aus Triest und den istrischen Gebieten nach 1854 mit der Semmeringbahn nach Wien zu transportieren. Denn das Meersalz aus Piran hätte mit dem billigen Bahntransport die kaiserlichen Preise unterlaufen können.
Ebenfalls im 14. Jahrhundert begann der bairische Herzog die vielen verschiedenen kirchlichen und bürgerlichen Besitzrechte, die alten Pachtverträge und Gewohnheitsrechte an der Salzerzeugung abzulösen, die Transportwege unter seine Kontrolle zu bringen und damit ein herzogliches Salzmonopol zu begründen. Dazu gehörte auch, den Handel mit Halleiner Salz, der großen Konkurrenz, über die Donau zu unterbinden. Burghausen an der Salzach war eine bairische Stadt, deren Bürgern hinfort untersagt war, Salzburger Schiffe anlanden und das Salz auf Wägen verladen zu lassen. Ein Mittel, um die Salzburger zu zwingen, den Transportweg auf der oberen Salzach freizugeben: Das

Reichenhaller, also bairische Salz hatte nämlich keinen Zugang zum Fluss. Es war auf den Landweg angewiesen und belieferte vor allem den schwäbischen Raum und die Nordostschweiz, die bis ins 19. Jahrhundert einen hohen Bedarf an Salz hatte. Denn die massiv ausgebaute Viehzucht und die Käseherstellung des Alpenlandes erforderten viel Salz, um dessen Verkauf sich die bairischen Salzfertiger vorwiegend mit dem Meersalz, das von Marseilles Rhone aufwärts in die Schweiz gebracht wurde, harte Konkurrenzkämpfe lieferten. Da tat man sich mit Württemberg leichter, denn da konnte man eine Fuhre Salz gegen eine Ladung Wein austauschen – man musste nur die Pferde umspannen.

Ausgerechnet das kleine Berchtesgaden half Baiern zu dem ersehnten Durchbruch beim Flusstransport. Eigenständig trat das Berchtesgadener Salz aus der Saline Schellenberg kaum in Erscheinung. Es reiste lange als Beifracht ohne eigene Benennung als Halleiner Salz mit auf der Salzach abwärts, dem Inn und der Donau zu. Andererseits haben sowohl Baiern als auch Salzburg immer wieder ein begehrliches Auge auf die kleine Fürstpropstei mit den reichen Salzvorkommen geworfen. Im Jahr 1611 kam es zu einer kriegerischen Auseinandersetzung zwischen den größeren Nachbarn, dem sogenannten „Ochsenkrieg". Der Streit um Weiderechte war allerdings nur ein vorgeschobener Grund, eine ganze Reihe politischer Differenzen im Vorfeld des Dreißigjährigen Krieges standen dahinter. Der eigentliche Auslöser der kurzen Auseinandersetzung war der Einfluss auf die Fürstpropstei, die damals wieder einmal Baiern zuneigte, was dem Erzbischof von Salzburg gründlich missfiel. Die jährliche Salzverrechnung bot ihm den Anlass, in Berchtesgaden einzumarschieren. Baiern schlug hart zurück, marschierte mit 10 000 Soldaten über Tittmoning nach Salzburg; der Erzbischof floh, wurde aber von bairischen Truppen in Kärnten gefasst, abgesetzt und musste den Rest seines Lebens im Kerker in Einzelhaft verbringen. Damit war das Problem für die nächsten 200 Jahre zugunsten Baierns gelöst. Zwei Drittel der Berchtesgadener Salzförderung wurden hinfort nach Baiern geliefert. Außerdem musste der Fürsterzbischof jährlich ein großes Quantum Halleiner Salz zu einem festgelegten Preis an Baiern verkaufen. Das Land erhielt zusätzlich das Recht, jährlich 1 500 Transporte auf der Salzach durchführen zu dürfen. Womit das Kurfürstentum sich auch das Monopol über das auf dem Wasserweg exportierte Salz gesichert hatte und das Land neben den Habsburgern zum größten Salzhändler Mitteleuropas aufstieg.

Im Jahr 1829, als nach den Napoleonischen Wirren mit dem Wiener Kongress viele Rechts-, Grenz- und Machtfragen geklärt waren, Salzburg österreichisch und Berchtesgaden bayerisch geworden war, kam es zur „Convention zwischen Bayern und Österreich über die beiderseitigen Salinenverhältnisse", kurz „Salinen-Convention" genannt. Darin bestätigte Österreich das Recht Bayerns, die Pinzgauer Salinenwälder und das damit verbundene Triftrecht auf der Saalach weiterhin steuer- und abgabenfrei zu nutzen, wogegen Bayern gestattete, dass das Salzbergwerk Hallein, das seine Stollen schon seit langer Zeit unterirdisch weit auf bayerisches Staatsgebiet vorgetrieben hatte, auch weiterhin steuer- und abgabenfrei zur Salzgewinnung nutzen dürfe; beide Zugeständnisse allerdings unter Beibehaltung der jeweiligen Landessouveränität. Diese Salinen-Convention wurde 1957 noch einmal verhandelt und in allen wesentlichen Punkten beibehalten. Mit dieser Vereinbarung aber gilt sie als das älteste noch bestehende zwischenstaatliche Vertragswerk Europas. Auch wenn es heute kaum mehr anzuwenden ist, denn im 19. Jahrhundert begann sich die Lage auf dem mitteleuropäischen Salzmarkt zu entschärfen. Der Ausbau des Eisenbahnnetzes machte die Schiffsleute und ihre Schiffe zusehends überflüssig; der letzte Salztransport fuhr 1866 die Salzach abwärts. Torf und Kohle als Energielieferanten für die Sudpfannen lösten die Abhängigkeit vom Holz ab, neue technische

Entwicklungen reduzierten den Energieverbrauch zudem deutlich und in vielen Teilen Mitteleuropas wurden mit innovativen Methoden weitere Salzvorkommen entdeckt. Das Salz wurde zunehmend zu einem billigen Massenprodukt. Es hatte seine Wirtschaft und Politik bestimmende Stellung verloren.

Salz zu Wasser und zu Lande

Der Transport des Salzes von der Saline zu den Verteilungszentren der Städte und zu den Endverbrauchern wurde im Mittelalter von zwei Faktoren bestimmt: der Geographie und den jeweils existierenden Machtverhältnissen. Große Mengen und schwere Lasten, wie sie beim Salztransport anfielen, konnten bis ins Eisenbahnzeitalter nur mit dem Schiff transportiert werden. Der Transportweg Fluss als Verbindung zwischen Saline und Zielort war deshalb von entscheidender Bedeutung. Auch wenn es letztlich immer auf den letzten Wegen zum Verbraucher auf Pferd und Wagen ankam.

Aus dem Gebiet der ostalpinen Salzgewinnung führten zwei Wasserstraßen der Donau zu, dieser großen West-Ost-Verbindung, über die weite salzarme Länder Europas erreicht werden konnten, und ein Stück donauaufwärts über Regensburg, wodurch der Weg ins Heilige Römische Reich verkürzt und vereinfacht wurde. Auf der Traun fuhren die schwer beladenen Salzzillen des Salzkammergutes, um bei Linz die Donau zu erreichen. Auch die bairischen und Salzburger Salinen verfügten mit Salzach und Inn über eine Wasserstraße, die über Passau an die Donau angeschlossen war. Doch waren hier die Verhältnisse komplizierter: Während die Traun politisch einer einzigen Macht, den Habsburgern, gehörte, besaßen an Salzach und Inn die beiden größten Konkurrenten beim Salz, die

Herrscher in Baiern und der Salzburger Erzbischof, diverse Rechte und konnten dem jeweils anderen die Durchfahrt verweigern oder mit hohen Durchfahrtszöllen den Salzhandel unrentabel machen.

Nicht vergessen werden darf, dass der Transport des ostalpinen Salzes Richtung Westen, ins Bairische, Schwäbische und Württembergische, in die Schweiz, aber ebenso vom Salzkammergut oder Hallein über das Gebirge nach Südtirol und Norditalien, nach Kärnten und in die Steiermark nur auf dem Landweg möglich war. Da gaben sich die verschiedenen Transporteure die Hand. Schwer beladene, von starken Pferden gezogene und von wüst fluchenden Frächtern begleitete Frachtwagen auf Straßen, die man heute nicht einmal Wege nennen würde, ausgefahrene Spuren von vielen Vorgängern. Immer wenn es steil wurde, bei den „gachen Steigen", heute oft Gasteig genannt, brauchte man Vorspann, also Pferde, die die anwohnenden Bauern bereithielten und dafür Lohn kassierten – oder Männer, die halfen, die schweren Wägen bei der Abfahrt zu bremsen. Saumpferde, die nicht nur erhebliche Lasten tragen konnten, sondern auch auf unwegsamen Pfaden Trittsicherheit bewiesen oder auch „Kraxentrager", die das Salz bis in den letzten Einödhof lieferten. Sie brachten auch das Viehsalz, verunreinigtes „Kernsalz" aus den Bergwerken. Das wurde günstiger abgegeben und deswegen oft von den Bauern selbst für den Eigenbedarf verwendet.

Beide Transportmittel standen sich gleichberechtigt gegenüber. Die Vorteile des Schiffstransportes lagen, und das war für die von den Einnahmen aus dem Salzverkauf ihren Reichtum kreierenden Fürsten entscheidend, sowohl in der Menge des lieferbaren „weißen Goldes" als auch in den Transportkosten selbst, die mit Pferd und Wagen deutlich über denen der Schiffe lagen. Natürlich gab es auch Kombi-Routen, auf denen Schiff und Frachtwagen zusammenspielten, um das Ziel zu erreichen. So eine und eine der meistbefahrenen Strecken war die Fahrt der schwerbeladenen Zillen auf Salzach und Inn nach Passau oder über die Traun nach Linz. Von beiden Häfen aus führten Wege und Straßen nach Böhmen, wo großer Bedarf an dem weißen Mineral herrschte und es teuer verkauft wurde. Die wichtigste Route war der später sogenannte Goldene Steig, auf dem das Reichenhaller, später das Halleiner Salz von Passau aus mit Saumtieren oder Frachtwagen zu drei verschiedenen Orten in Böhmen transportiert wurde: Prachatitz (heute Prachatice), Winterberg (Vimperk) und das ob seiner Goldbergwerke bekannte Bergreichenstein (Kašperské Hory). Die größte Zeit dieses Goldenen Steiges war zu Beginn des 16. Jahrhunderts, als sich wöchentlich bis zu 1 500 Saumpferde auf die Pfade über den Baierwald machten. Die Säumer galten als „liderliches Volk". 1526 aber begann die Herrschaft der Habsburger über Böhmen, die mit hohen Einfuhrzöllen den Salzhandel zugunsten ihres Kammergutes zu unterbinden suchten. Das „weiße Gold" wurde von Linz aus über Freistadt nach Budweis oder Krumau transportiert. Ab 1706 verboten die Habsburger die fremde Salzeinfuhr ganz. (Gut 100 Jahre später wurde übrigens die Pferdeeisenbahn von Linz nach Budweis eingerichtet, die man 1873 auf Dampfbetrieb umstellte.)

Mit dem bereits erwähnten technischen Fortschritt des Laugverfahrens konnte man die Fördermengen des Salzes gewaltig steigern. Unter dem Wahlspruch „Das Salz muss dem Holz folgen" löste man die große Energiefrage, die im Zusammenhang mit den Salzmengen stand. Harrte ein letztes Problem seiner Lösung: der Transport des Salzes zu den Abnehmern. Bereits zur Vorbereitung des Transports waren einige wichtige Arbeitsschritte erforderlich: Das aus den Sudpfannen herausgezogene Salz war nass. Es wurde in konische Fuder gepresst und zum Trocknen neben dem Feuer aufgestellt oder in

Pfieselhäuser gebracht. Die hart getrockneten Fuder wurden zerschlagen und zerstampft und in Kufen zum Transport gefüllt. In Kufen war es leidlich geschützt und konnte gut auf Schiffen transportiert werden. Für den Pferdetransport nahm man lieber Säcke, die sich auf Pferderücken besser tragen ließen. Leicht einsehbar, dass auch aus diesen Gründen während des Transports oft mehrere Umladeaktionen notwendig waren. In einer Stadt und einem Salzstadel angekommen, übernahmen die Salzstössel einen Teil der Ware, zerstießen ihn wiederum zu handlichen Portionen (daher der Name) und verkauften das Salz als Einzelhändler an den Endverbraucher.

Salzstraßen – Autobahnen des Mittelalters

Ab Mitte des 13. Jahrhunderts wurde in Baiern ein Niederlagssystem entwickelt, das viele Jahrhunderte bis zur Aufhebung im Deutschen Zollverein 1834 Bestand hatte. Zunächst ein Gewohnheitsrecht wurde es bis Mitte des 14. Jahrhunderts zum landesherrlichen Privileg, das den Aufschwung der Städte massiv förderte. Denn an diesen fixierten Haltepunkten auf dem Landweg musste nicht nur das Salz eine festgelegte Zahl von Tagen eingelagert und zum Verkauf angeboten werden, es bildete sich auch ein blühendes Handwerk und Gewerbe: Kaputte Wagen mussten repariert, Pferde neu beschlagen werden, Schmiede und Sattler hatten alle Hände voll zu tun, die Bauern lieferten Futtermittel und Einstreu für die Ställe in die Stadt, die Fuhrleute ließen Geld in den Gaststätten und Vergnügungsetablissements. Ein relativ dichtes Mautsystem (z. B. Brückenzoll, Torzoll, Wasserzoll) sorgte für die Wohlfahrt des Herzogs. Mit diesem Niederlagesystem gewann eine ganze Reihe bairischer Städte eine große Bedeutung für das Salz, wurde wohlhabend und zeigt dies heute noch. Wasserburg gehört in diese Reihe, Traunstein, Landsberg, Memmingen und viele andere. München etwa hat seine offizielle Gründung im Jahr 1158 der Zerstörung der Brücke über die Isar im Gebiet des Freisinger Erzbischofs zu verdanken – dem Bau einer neuen auf Münchner Gebiet, die den neuen Übergang der Salzfuhrwerke über die Isar und das Niederlagsrecht in der Stadt begründete. Dieses Niederlagsrecht hatte zwei Seiten: Zum einen war es ein Verkaufsrecht. Es ermächtigte den fremden Frächter, seine Ware, zum Beispiel das Salz, in der Stadt zu verkaufen. Zum anderen war es die Pflicht der Salzfuhrleute, die Städte mit Stapelrecht (= Niederlagsrecht) anzufahren, denn dort waren auch die obrigkeitlichen Maut- und Zollstationen, die man bei strenger Strafe nicht umfahren durfte. Über dieser Vorschrift und ihre Überwachung bildeten sich feste Salzstraßen heraus, über die der Verkehr der schweren Fuhrwerke rollen musste.

* Wesentliche Salzstraßen *

* Eine der bedeutendsten Salzstraßen führte über Traunstein nach München und über Landsberg und Memmingen an den Bodensee und von dort aus weiter in die Schweiz oder nach Schwaben.
  Zur Versorgung des deutschen Alpenlandes gab es zudem eine Salzstraße, die von Miesbach und Tölz bis nach Garmisch reichte.

* Auf österreichischer Seite wurde Vorarlberg über den alten Salzort Hall im Inntal versorgt, eine Abzweigung führte über das Oberjoch bei Hindelang und Immenstadt an den Bodensee.

* Über Passstraßen gelangte Haller Salz bis nach Südtirol, wo es auf den Venezianer Salzhandel traf.

* Auch über Landshut führte eine Salzstraße ins Niederbayerische, doch wurde die Gegend um die Donau ebenso von Regensburg aus versorgt, wohin das Salz per Schiff von Passau aus getreidelt wurde: Bis ins 15. Jahrhundert waren es Menschen, die diese Salzschiffe stromaufwärts zogen, erst dann wurden Pferde dazu eingesetzt. Zeitweise war es verboten, Schiffe mit Pferden zu treideln, um den Einwohnern an den Flüssen Gelegenheit zu einem Verdienst zu geben.

* Der Samerberg im heutigen Landkreis Rosenheim, einer Gegend, in der sich ein Höhenrücken hinunter zum Chiemsee senkt, spielte einst eine wichtige Rolle für den Warentransport, vor allem für den Salz- und Getreidehandel. Hier wohnten Bauern, die nicht nur Saumpferde züchteten, sondern selbst zum Säumen gingen: vor allem in der Zeit, in der die Arbeit auf den Feldern ruhte, also im späten Herbst bis hinein ins zeitige Frühjahr. „Saum“ kommt von einem früheren Wort für „Last“ und der Saumpfad, auf dem Säumer und ihre Pferde unterwegs waren, bezeichnete einen alten Weg, der für Fuhrwerke unpassierbar war, meistens im gebirgigen Alpenland.

„Nahui in Gotts Nam!"

So schrie der Vorreiter des Pferdetrosses hinauf zum Seßstaller, wenn Pferde und Reiter bereit zum Abmarsch waren. Der Seßstaller war der Kommandant des gesamten Schiffszuges, bestehend oft aus mehr als zwei Dutzend Schiffen, der auf dem Dach der Zurichtung der Hohenau stand, einer flach gedeckten Hütte, die das Salz (ca. 2000 Zentner) oder eine andere Fracht zusätzlich vor Regen schützen sollte. Hohenau war kein

Schiffsname, so wurde stets das größte Schiff des Verbandes genannt, von dem aus das Kommando geführt wurde. Hinter der Hohenau kamen meist zwei weitere Transportschiffe, die jeweils bis zu 1 500 Zentner Ladung befördern konnten. Dazu gab es noch eine ganze Reihe kleinerer Schiffe, die das für Reise und Transport benötigte Material beförderten. Auf alle Fälle eine Kuchlzille, auf deren in Sand gebettetem Feuer die Mahlzeiten für die meist mehr als 50 Schiffsleute gekocht wurden, eine Zille für das notwendige Tauwerk, eine, in der die Pferde und ihre Reiter von einem Ufer zum anderen übergesetzt wurden, wenn der Treidelweg auf der einen Seite wegen eines Hindernisses nicht mehr weiterging, sowie eine Futterplätte, auf der die Nahrung für Ross und Reiter mitgeführt wurde. Es war ein eindrucksvoller und Respekt einflößender Anblick, wenn solch ein Schiffsverband auf Inn, Donau oder Salzach vorüberfuhr, angeführt von einem Vorreiter, der mit einer Messlatte die Tiefe des Wassers und damit die Fahrrinne feststellte. Auch die Fischer mussten aus dem Weg getrieben werden, denn so ein riesiger Salzzug hatte unbedingt Vorfahrt.

Auf den Flüssen war ein Verkehr, den man sich heute nicht einmal für die Großwasserstraße Rhein vorstellen kann. Allein im Jahr 1779 fuhren 1 296 Schiffe von Gmunden ab die Traun hinunter Richtung Donau. In den Schopperstätten von Laufen an der Salzach, wie man die Schiffswerften nannte – der Name kommt von „schoppen", dem Ausstopfen der nicht schließenden Planken mit Moos und anderen natürlichen Dichtungsmitteln –, wurden um 1850 immer noch jährlich um die 1 750 Schiffe gebaut, wozu mehrere tausend Fichten zu Bohlen und Brettern verarbeitet wurden. Allein im Jahr 1790 landeten täglich zehn Frachten Salz an. Eine lange Tradition, denn schon zur Römerzeit konnte hier eine Schiffergenossenschaft nachgewiesen werden. Es gab Sechser-, Achter-, Zehnerzillen usw., je nach der Anzahl der Bodenplanken, deren jede circa einen Fuß (ca. 30 Zentimeter) breit war und damit auch Auskunft über Länge und Transportgewicht gab. Außerdem bevölkerten den Fluss jede Menge Flöße, die Bier, Käse, Holz oder gelöschten Kalk transportierten. Es darf nicht vergessen werden, dass die Flüsse auch zu den bevorzugten Reisewegen der Fürsten zählten. Sie fuhren auf ausgemalten und geschmückten Leibzillen mit allen notwendigen Beischiffen gern von Innsbruck, Regensburg oder Passau nach Wien an den kaiserlichen Hof, nahmen dabei auch Möbel, Pferde und Kutschen mit. Kurfürst Max Emanuel ließ sein mehrere tausend Mann starkes Entsatzheer zum von Türken belagerten Wien auf Flößen transportieren. Und bei diesem ganzen Verkehr ist vom Gegentrieb noch gar nicht die Rede. Wenn das Salz nämlich an seinem Bestimmungsort abgeladen war, nahmen die stärksten Schiffe die Gegenfuhr auf: Getreide, Weizen, Wein und viele andere Lebensmittel, die man brauchte, um die Salinenarbeiter und Knappen zu versorgen. Alle ostalpinen Salzlagerstätten lagen in gebirgiger Gegend, in der man die notwendigen Lebensmittel für die vielen Arbeiter nicht selbst erzeugen konnte. Sie mussten eingeführt werden und kamen mit den Schiffen stromaufwärts. Bis ins 15. Jahrhundert zogen Menschen die Schiffe gegen den Strom, erst später setzte man die Zugkraft der Pferde ein. Es waren nicht immer ausreichend Nahrungsmittel an Bord, oft mussten die Arbeiter und ihre Familien hungern und um ihre nächste Ration bangen. Schiffe, die auch im Gegentrieb eingesetzt wurden, waren stärker gebaut als die anderen, wie auch immer schwächere Schiffe ersetzt wurden, wenn der Fluss für eine Tagesreise oder mehr keine Schwierigkeiten bot, denn Schiffsbau war teuer und langwierig. Am leichtesten, hieß es zuweilen, waren die Haller (Halleiner) Plätten gebaut. Sie waren etwa 22 Meter lang und fünf Meter breit und für ihren Zusammenhalt musste das Wasser am meisten tun, das heißt, sie wurden vornehmlich vom Wasserdruck zusammengehalten. Am Ziel angekommen übergab man sie dem „Plättenschinder“, der die Schiffe zu Brennholz verarbeitete.

Wenn ein Schiffszug auch im Gegentrieb fahren musste, war es notwendig, auch die Pferde flussabwärts mitzutransportieren. Denn sie waren meist eine besondere Züchtung, auf die man sich im Rottal oder am Samerberg verstand. Diese Tiere zogen, ohne Angst zu zeigen, auch bis zur Brust im Wasser. Und wenn übergesetzt werden musste, sprangen sie, ohne zu zögern, vom Ufer aus in die Transportzille. Sie waren stark, genügsam und wenig krankheitsanfällig. Sie und ihre Reiter wurden vor Beginn der Naufahrt (so hieß die Fahrt flussabwärts) angeworben. So ist etwa Folgendes zu lesen: „Einen Monat vor Beginn der Naufahrt bekam der Vorreiter Johann Maier, Peterweber von Altenbeuern, vom Schiffmeister [= Besitzer und Verantwortlicher des gesamten Zuges, W. S.] den Auftrag, sich die nötige Zahl Pferde (30) und Reiter (25) in der Umgebung gegen Entlohnung von einem Kronentaler die Woche für Pferd und Mann zu dingen. Ich ward als Schöffreiter eingestellt für September 1852. Mein Vater rüstete mir den starken Braunen mit Geschirr und Sattel aus, gab drei Decken für das Pferd, zwei für mich und eine als Reserve in den Sack, dazu mein Gewand mit zwei Hemden. So ausgerüstet trabte mein Gaul zum Sammelpunkt nach Rosenheim."

Der Salztransport zu Schiff ging, fast könnte man sagen, nie problemlos vonstatten. Nicht nur, dass man Hindernisse im Fluss, von denen es vor allem in der Traun, aber auch an der oberen Salzach, eine ganze Reihe gab, überwinden musste, die oft nur im Umtragen der Fracht bewältigt werden konnten, es gab auch verschiedene Rechteinhaber auf dem Fluss, die auf der Verwendung ihrer eigenen Schiffe bestanden. So musste in Laufen, unterhalb Salzburgs, das Salz, das auf der Saalach von Reichenhall hertransportiert worden war, auf erzbischöfliche Schiffe umgeladen werden, weil das Erzbistum das Monopol der Schifffahrt von Hallein bis Passau besaß. So hier, so anderswo. Die Hindernisse auf der Traun wurden im Laufe der Jahrhunderte beseitigt. Am berüchtigtsten war der Traunfall hinter Gmunden. In den

Jahren 1537 bis 1554 wurde er in einer technischen Meisterleistung entschärft, dazu aber erst später mehr.

Bis weit ins 19. Jahrhundert war der Schiffstransport das Mittel der Wahl und die Schiffsleute eine selbstbewusste Gilde, die nur zu oft ihr Leben riskierten, um die Fracht gut an ihr Ziel zu bringen. Viele von ihnen konnten nicht schwimmen bzw. wurden gar nicht eingestellt, wenn sie schwimmen konnten. Denn die Schiffsmeister unterstellten ihnen, dass sie, schwimmend, das ihnen anvertraute Gut eher im Stich lassen würden. Es wird auch berichtet, dass Schiffsleute ungerührt zusahen, wenn einer von ihnen am Ertrinken war, denn es hieß, dass der Flussgott jedes Jahr einen der ihren holen musste, um die anderen in Frieden zu lassen.

Winterhaller

(frei nach einem Märchen aus dem Salzkammergut)

Es war einmal ein kleines Mädchen, das hatte keine Mutter mehr. Der Vater war ein armer Holzfäller und konnte sein Kind kaum ernähren. Als er eines Tages wieder einmal so überhaupt nichts zu essen hatte, da fasste er den Entschluss, seine Tochter im Wald auszusetzen. Er nahm also das nichtsahnende Mädchen bei der Hand und ging mit ihm viele Stunden lang ganz tief in den Wald hinein.

Als sie zu einer kleinen Lichtung mit weichem Moosboden gekommen waren, sagte er zu seinem Töchterchen: „Ich muss hier in der Nähe arbeiten. Warte, bis ich wiederkomme!" Dann ging er fort. Um das Kind zu täuschen, band er ein Stück Holz an einen Strick und ließ es von einem festen Buchenast baumeln, damit es, vom Wind bewegt, regelmäßig gegen den Baumstamm schlug. Als das Mädchen das Geräusch des anschlagenden Holzes hörte, dachte es, der Vater arbeite wirklich in der Nähe, suchte unbekümmert nach Walderdbeeren und flocht schöne Blumenkränze. Nach einer Weile wurde die Kleine müde, legte sich auf den weichen Moosboden und schlief ein.

Als sie aufwachte, war es schon mitten in der Nacht. Es war sehr dunkel, sehr kalt und der Vater war immer noch nicht da. Mutterseelenallein war das kleine Mädchen und hatte so furchtbare Angst im dunklen Wald, dass es nicht zu sagen ist. Erst weinte die Kleine ganz bitterlich, dann lief sie noch tiefer in den Wald hinein, um den Vater zu suchen, irrte umher, stolperte über Stock, Stein und Wurzel. Immer wieder schlugen ihr in der Dunkelheit Äste in ihr

Gesicht und unheimliche Geräusche waren zu hören. Sie wusste nicht mehr ein und aus.
Da sah das verzweifelte Mädchen, wie ein ganz schwaches Lichtlein zwischen den Baumstämmen hindurch schimmerte. Es ging darauf zu und kam zu einer kleinen Lichtung, auf der ein Feuerchen müde flackerte und einige seltsam geformte Gefäße darum herumstanden. Das Feuer war aber gerade dabei, auszugehen. Da nahm das Kind eilig ein bisschen Laub und trockenes Reisig, warf es in die Glut, blies kräftig hinein und entfachte das Feuer aufs Neue.
Plötzlich hörte die Kleine ein sonderbares Rascheln hinter sich. Und als sie sich umdrehte, da stand ein Zwerg vor ihr, der sie gütig anlächelte. Er war ganz in Grau gekleidet, nur sein weißer Bart, der fast bis zum Boden ging, stach leuchtend hervor.
Das Mädchen erschrak bei diesem ungewohnten Anblick ganz fürchterlich und wollte davonlaufen. Aber der Zwerg rief ihr zu: „He, Menscherl, bleib da – du musst dich nicht vor mir fürchten. Ich tu dir nichts."
Zögernd gehorchte die Kleine und kam zu ihm zurück. Der Zwerg blieb freundlich, streichelte ihre Wange, und als sie gemeinsam gekocht und gegessen hatten, war ihre Angst schon ganz vergangen. Der Zwerg fragte, warum sie so mutter- und vaterseelenallein im Wald war. Da erzählte das Mädchen mit Tränen in den Augen, wie sich alles zugetragen hatte.
Der Graue beruhigte das Kind: „Bleib bei mir. Du kannst meine Tochter sein!"
Das Mädchen nickte zaghaft und war einverstanden. Da führte es ihr neuer Zwergenvater in sein Haus, das eigentlich ein hohler Baumstamm war, in dem ein großer Laubhaufen als Bett diente. Kurzerhand machte

der Alte ein zweites Lager für das kleine Mädchen und beide legten sich zur Ruhe.

Als das Mädchen am nächsten Tag aufwachte, duftete es schon nach frischem Brot, das der Zwergenvater gebacken hatte. Nach dem Frühstück sagte er dem Mädchen, er müsse jetzt weggehen und trug seiner neuen Tochter auf, sich gut um das „Haus" zu kümmern und alles in Ordnung zu halten. Er kam aber recht bald wieder und zeigte ihr, wie man auf dem Feuer ordentlich kochen konnte.

Mit den Jahren brachte der Zwergenvater seiner Tochter alles Mögliche bei. Nicht nur Kochen und Haushaltsführung, sondern auch einige ganz spezielle Fertigkeiten, die einer besonderen Unterweisung von Wesen bedurften, die Zugang zu den vielfältigen Schichten der Welt hatten. Bald wusste das Mädchen mehr über den Umgang und die Verwendung von Heilkräutern, als es ein durchschnittliches menschliches Lebewesen je hätte vermögen können. Vor allem aber brachte der Graue, wie er überall genannt wurde, dem Mädchen eine besondere Technik für die Herstellung von „weißem Gold" bei – das Sieden von Salz! Ein Mineral also, dem göttliche, heilende und magische Eigenschaften zugesprochen wurden. Das Mädchen war klug und wusste bald alles darüber: Es wusste, wie man durch Beobachtung der Tiere Solequellen ausfindig macht, wie man das Salzwasser siedet, sodass am Ende reines und pures Salz übrigbleibt, wie man mit Salz versetzten Pasten und Salben Wunden heilt, wie man magische Schutzzauber für Tiere und Menschen anwendet – und vieles mehr.

Die Jahre vergingen und irgendwann war das Mädchen zu einer jungen Frau herangewachsen, die ihren Zwergenvater um einige Köpfe überragte. Da begann der Zwerg, sich um die Zukunft des Mädchens Gedanken zu machen und schaute zu ihr auf: „Aus dir ist eine selbstbewusste junge Frau geworden", sagte er zufrieden. „Nun denke ich, ist es Zeit für dich, unter deinesgleichen zu leben", fuhr er fort. Er tauschte seine graue Kleidung gegen einen purpurroten Anzug und seine Zipfelmütze gegen einen Hut mit breiter Krempe, der mit lauter funkelnden Edelsteinen bestückt war. In dieser prächtigen Aufmachung sprach er bei der Königin im Schloss vor, pries die Eigenschaften seiner Tochter an und bat darum, sie in ihre Dienste zu nehmen. Der Graue war mitsamt seinen Fähigkeiten und seinem Wissen um das „weiße Gold" kein Unbekannter bei Hofe – und so nahm die Königin seine Ziehtochter mit Freuden auf.
Das Mädchen freilich war im ersten Moment untröstlich und verabschiedete sich unter Tränen und mit vielen Umarmungen von ihrem Zwergenvater. Es nahm ihm das Versprechen ab, jeden Sonntag ins Schloss auf Besuch zu kommen. Das versprach der Ziehvater seiner Tochter gerne und sagte zum Abschied: „Ich habe dir alles beigebracht, was man einem menschlichen Wesen nur beibringen kann. Du wirst nicht nur für dich selbst sorgen, sondern als Heilerin viel Gutes tun können. Und niemals wirst du dich durch Heirat von einem Mann abhängig machen müssen. Die Menschen werden große Achtung vor dir haben."

Der Graue sollte recht behalten. Die Königin war äußerst zufrieden mit den Diensten seiner Ziehtochter. Nach einem Jahr genoss das ehemals im Wald von ihrem Vater schutzlos zurückgelassene Mädchen großes Ansehen im ganzen Reich und wurde durch ihre guten Taten und besonderen Fähigkeiten als Heilerin weitum bekannt. Dieser Umstand allerdings behagte dem alten, hochehrwürdigen Zeremonienmeister des königlichen Hofstaats überhaupt nicht. Er wirkte ebenfalls als Heiler, war jedoch lange nicht so erfolgreich wie die „Ziehtochter des Grauen", wie das Mädchen nun allseits genannt wurde. Der Alte spürte den Wind der Veränderung, der sanft durch das ganze Schloss strich und er sah seine Macht schwinden. Bei jeder Gelegenheit wetterte er gegen die neumodischen, fragwürdigen Heilmethoden dieses „dahergelaufenen Mädchens", wie er es abschätzig nannte, die alle altbewährten Abläufe und jahrhundertealten Heilungszeremonien in Frage stellten.

Nach einem Jahr kehrte der Sohn der Königin von einer Schlacht, zwar siegreich, aber schwer verwundet zurück. Er kam nicht auf einem Schimmel in prächtiger Rüstung zurück und begleitet von Jubel, Trubel, Heiterkeit. Nein, man trug ihn auf einer Bahre, dem Tode nahe, in sein Schlafgemach. Die Königin ließ nicht nach ihrem Zeremonienmeister und den altbewährten Ärzten rufen, sondern einzig und allein nach der neuen Heilerin, der Ziehtochter des Grauen. Als diese das Schlafgemach des Königinnensohnes betrat, lag der schwer Verwundete zwar mit geschlossenen Lidern, schmerzverzerrtem Gesicht und von Fieberkrämpfen geschüttelt in seinem Bett, doch um das Mädchen war es aus und geschehen. Es verliebte sich auf der Stelle und Hals über Kopf in diesen Mann! Sie besah und versorgte all seine Wunden liebevoll, flößte ihm ein fiebersenkendes Elixier ein und versprach der Königin, am nächsten Tag mit einer

speziellen Salbe, die sie für die ganz tiefen Wunden zubereiten wollte, wiederzukommen.
Dem alten Zeremonienmeister passte es überhaupt nicht, dass kurz nach dem Besuch des Mädchens das Fieber des Prinzen schon rasant gesunken war. Bald hatte er sein Bewusstsein wiedererlangt und verlangte, man glaubt es kaum, nach Essen. Mit großer Freude darüber wurde in der Schlossküche sofort ein kräftigendes Mahl für den Genesenden zubereitet. Dem missgünstigen Zeremonienmeister gelang es aber ganz heimlich, ein starkes Gift in die Suppe zu mischen, bevor diese serviert wurde. Nach dem ersten Löffel schon verlor der Kranke erneut das Bewusstsein, die Fieberkrämpfe wurden heftiger als zuvor und er atmete so schwer, dass bei jedem Atemzug zu befürchten war, es könnte der letzte sein.

Der ganze Hofstaat legte Trauerkleider an. Die Königin wurde zum Sterbebett ihres Sohnes geleitet und ihr Jammern und Wehklagen breiteten sich im ganzen Schloss aus. Das hörte auch das Mädchen, das gerade dabei war, die von ihr zubereitete Salbe in ein Gefäß zu streichen. Sie eilte zur Kammer des Königinnensohnes und verlangte eilig, eingelassen zu werden. Doch der Eintritt wurde ihr verwehrt. Neben den beiden Wachen, die vor der schweren Holztür ihre Lanzen über Kreuz hielten, stand der Zeremonienmeister und zeterte, mit dem Finger auf das Mädchen zeigend: „Sie war es! Sie hat mit ihren undurchsichtigen Behandlungsmethoden den Sohn der Königin auf dem Gewissen! Die Tochter des Grauen hat seinen Tod zu verantworten! Verbrennt diese Hexe auf der Stelle auf dem Scheiterhaufen!"

Da fing das Mädchen an bitterlich zu weinen und beteuerte seine Unschuld. Der Zeremonienmeister befahl jedoch ungerührt, kaum seine Genugtuung verhehlend, den beiden Wachmännern, das Mädchen zu verhaften. In ihrer Verzweiflung huschte dieses jedoch zwischen den beiden Wachposten durch, schlug mit beiden Fäusten gegen die Kammertür und flehte laut schreiend um Einlass. Zur Verwunderung aller öffnete sich die Tür und das Mädchen durfte eintreten. Die Königin kam ihr schon aufgeregt entgegengelaufen, denn eine Dienerin hatte beobachtet, wie der Zeremonienmeister das Gift in die Suppe gemischt hatte und es der vor Sorge fast besinnungslosen Herrin erzählt.

„Bitte, rette meinen Sohn!", flehte die Mutter nun das Mädchen an und schob es zum Sterbebett. Das Gesicht des Sohnes hatte bereits eine bläulich-gräuliche Farbe angenommen und aus dem Mund quoll eigenartiger Schaum. Geistesgegenwärtig erkannte das Mädchen an diesen Symptomen, um welches Gift es sich handeln musste. Immer und immer wieder hatte ihr Zwergenvater ihr die verschiedenen Arten von Vergiftungserscheinungen erläutert. Jetzt war sie ihm dankbar dafür, denn sie kannte das Gegenmittel und verabreichte es dem geliebten Mann.
Schlagartig besserte sich der Zustand des Prinzen. Seine Gesichtsfarbe wurde wieder rosig und der Atem ruhig. Doch immer noch war er bewusstlos. „Ihr müsst mich jetzt mit ihm alleine lassen, damit ich meine Behandlung fertig abschließen kann", sagte das Mädchen zur Königin. Bereitwillig verließ diese mit der ganzen Dienerschaft den Raum. Nun, wo sie mit ihm alleine war, zog sie die Decke von seinem Körper, versorgte die vielen Wunden mit ihren Kräutersalben

und Elixieren – und rieb den ganzen Körper mit einer Paste aus selbst gesottenem Salz ein, die mit verschiedensten geheimen Zutaten versetzt war. Und gerade als das Mädchen die schon rosigen Wangen des Prinzen bestrich, da öffnete dieser die Augen. Ein Blick in das liebevolle Gesicht der jungen Frau genügte und der Prinz verliebte sich auf der Stelle und Hals über Kopf in sie. Fast konnte er sein Glück nicht fassen, als er bemerkte, dass die Zuneigung auf Gegenseitigkeit beruhte. Vieler Worte bedurfte es nicht, um sich auf eine baldige Heirat zu einigen.

Die Königin war außer sich vor Freude, befahl dem Hofstaat, die Trauerkleider abzulegen und Vorbereitungen für das größte und prächtigste Hochzeitsfest aller Zeiten zu treffen. Der alte Zeremonienmeister freilich wurde umgehend in den Kerker geworfen, wo er bis zum Ende seines Lebens bei Wasser und Brot darben sollte.

Am nächsten Sonntag, als der Zwergenvater zu Besuch kam, gab es viel zu erzählen und der Prinz hielt um die Hand seiner Tochter an. Doch der Graue war alles andere als erfreut über diesen Antrag. Im Gegenteil: Er wurde fuchsteufelswild, stampfte mit dem Fuß auf, begann zu schimpfen und sein Gesicht verfärbte sich vor Ärger dunkelrot. Noch nie hatte das Mädchen ihren Zwergenvater so außer sich gesehen!
„Ich habe dir die heilenden Künste beigebracht", richtete er das Wort an seine Tochter, „damit du eine unabhängige Frau werden kannst und dich nicht durch Heirat unterjochen lassen musst! Nein, ich bin absolut nicht einverstanden mit dieser Hochzeit",

schimpfte der Zwerg. „Und ich gebe euch keinesfalls meinen Segen!"
„Aber lieber Vater", sprach jetzt das Mädchen, „ich liebe diesen Mann und habe keinen größeren Wunsch, als seine Frau zu werden."
„Aber Kind", antwortete jetzt wieder der Vater. „Ich bin schon so alt, dass ich die Felsen wachsen gesehen habe und aus meiner Erfahrung kann ich dir eines sagen: Liebe macht euch Menschen doch nur unglücklich! Erst glaubt ihr an die große Liebe, dann kommt das noch größere Herzeleid. Nein, nein, nein", rief er, „das soll dir doch erspart bleiben!"
Als das Mädchen aber bettelte und bettelte, sagte der Zwerg zum Königssohn: „Willst du meine Tochter heiraten, so musst du eine Aufgabe erfüllen. Errate meinen Namen. Ich weiß, ihr Menschen nennt mich ‚der Graue', aber so heiße ich nicht. Ich habe dieses Kind als meine Tochter aufgenommen und erzogen. Du sollst also wissen, wer ich bin und wie ich heiße, mehr verlange ich nicht. Ich komme am nächsten Sonntag wieder. Weißt du dann den Namen nicht, so muss das Mädchen wieder zurück zu mir in den Wald."

Es war eine schwere Aufgabe, denn wirklich niemand wusste den wahren Namen des Zwerges, nicht einmal seine Ziehtochter. Überall fragte der Prinz herum und je mehr Tage vergingen, desto stärker schwand ihm die Hoffnung. Der sechste Tag war schon fast verstrichen, am siebten Tag war Sonntag und er wusste den Namen immer noch nicht. Der Abend dämmerte schon und ein letztes Mal setzte sich der Prinz auf sein Pferd und ritt, ohne viel Hoffnung, in den Wald hinein. Da sah er plötzlich ein Feuer flackern! Neugierig schwang er sich von seinem Schimmel, band ihn an einem Baumstamm fest, ging weiter in den Wald hinein und versteckte sich hinter einem anderen Stamm, um alles besser beobachten zu können. Da sah der verzweifelte Königinnensohn, wie der Zwergenvater um ein Feuer hüpfte und sang: „Heute siede ich mein Salz. Morgen hole ich mein Töchterchen und ich behalt's! Ach wie gut, dass niemand weiß, dass ich Winterhaller heiß!"

Als der Prinz den Namen hörte, klopfte sein Herz laut und wild vor Freude. Eilig ritt er nach Hause und rief am nächsten Tag, kaum hatte der Zwergenvater die Schwelle zum Thronsaal überschritten, diesem laut entgegen: „Willkommen, Schwiegervater Winterhaller!"
Da blieb dem Zwerg wahrlich nichts anderes übrig, als sein Einverständnis zu geben: „Nun gebe ich euch meinen Segen", sprach er feierlich. „Ich weiß so viel über die verschiedenen Schichtungen unserer Welt, aber aus dieser menschlichen Gefühlsregung, die sich Liebe nennt, werde ich wohl niemals schlau."
Da umarmte die Tochter ihren Vater und herzte ihn.

Das Angebot des Paares, im Schloss zu wohnen, lehnte er allerdings ab. Er wollte lieber im Wald bleiben, bei seinesgleichen. Er versprach aber, weiterhin jeden Sonntag auf Besuch zu kommen. Und so konnte endlich die größte und prächtigste Hochzeit aller Zeiten stattfinden. Was war das für ein Fest! Die alten Leute im Salzkammergut erinnern sich und erzählen heute noch davon. Der Zwergenvater war auch dabei und erregte Aufsehen in seinem purpurroten Anzug und dem breiten Krempenhut mit den funkelnden

Edelsteinen. Als der Prinz König wurde, holte er seine Frau als gleichberechtigte Herrscherin auf den Thron. Dass sie ihm ebenbürtig war, daran hatte niemand einen Zweifel. Es war eine gute Entscheidung, denn die beiden regierten ihr Land weise und in Eintracht.

So lebten sie glücklich und zufrieden bis ans Ende ihrer Tage.

Fotos:
Seite 106–107: Salzstadel in Regensburg.
Seite 108–109: Gradiergrotte im Kurpark von Bad Hall.
Seite 110: Reste einer alten Soleleitung.
Seite 111: Salzkristalle sind Salze wie zum Beispiel Kupfersulfat oder Natriumchlorid, die in kristalliner Form erscheinen. Das Foto zeigt den Prozess der Kristallisierung.
Seite 112–113: Stollen mit Salzablagerungen.

KULTUR UND GESCHICHTE

„Viele Bücher genießt ihr, die ungesalzen; verzeihet, dass dies Büchelchen uns überzusalzen beliebt."

Johann Wolfgang von Goethe (1749–1832)

„Veränderung nur ist das Salz des Vergnügens."

Friedrich Schiller (1759–1805)

Das Salzkammergut

Vom Traunfall nach Bad Ischl über Hallstatt in das Ausseerland

Das Salzkammergut ist eine Region, die „doppelt“ existiert und deshalb zu Missverständnissen Anlass geben kann: einmal das seit dem Mittelalter gewachsene historische Kammergut, der Privatbesitz der Habsburger, dessen große Bedeutung für die gesamte Monarchie im Salz lag. Es wird gemeinhin als engeres, „inneres“ Salzkammergut bezeichnet und umfasst die Lagerstätten und Salinen von Hallstatt, Ischl, dem Ausseerland und dem Traunsee, dazu die Gegend um Bad Ischl. Aus seiner Bedeutung für das Salz hat sich im Laufe des 19. Jahrhunderts ein Salzkammergut der Sommerfrische für prominente Gäste aus Adel, Politik, Wissenschaft, Kultur und Kunst entwickelt und wurde schließlich, als diese „alte Sommerfrische“ zum Tourismusziel mutierte, um eine ganze Anzahl Seen und Gemeinden vergrößert, die mit dem eigentlichen Namensgrund des Salzkammergutes nur mehr wenig zu tun haben. Es ist zu einer umfassenden Tourismusregion geworden, die sich die exorbitante landschaftliche Schönheit und die Kultur auf die Fahnen geheftet hat und so auch weltberühmt wurde.

Wir nehmen in der Folge vor allem das historische, innere Salzkammergut in den Blick, nicht zuletzt ob seiner besonders „salzhaltigen“ Vergangenheit.

Der Traunfall – zwischen Steyrermühl und Roitham.

Traunfall

Ein Fluss, davon wurde schon erzählt, war für das Salz existentiell wichtig. Die Traun mit ihren Zuflüssen war, wie das Kammergut, einst im Privatbesitz der Habsburger. Energiezufuhr und Abtransport des „weißen Goldes“ stellten kein Problem dar. Klimatische und geographische Bedingungen aber schon. Denn die Traun führte immer wieder Niedrigwasser – zu wenig, um die bis zu 30 Meter langen Sechserzillen (Besatzung von sechs Mann), beladen mit etwa sieben Tonnen Salz, vom Hallstätter See nach Ebensee am Traunsee zu bringen. Deshalb baute man 1511 (nach einem Hochwasser 1572 erneut) am Ausfluss der Traun aus dem Hallstätter See eine Seeklause, die das Wasser aufstaute. Wenn die Klausentore geöffnet wurden, konnten die Zillen auf dem jetzt zufließenden Wasser, das den Wasserspiegel der Traun um 35 Zentimeter hob, bis nach Ebensee in die Saline fahren.

Bauherr war der damals weitum bekannte Wasserbaumeister Thomas Seeauer, der sich auch um die Schiffbarmachung der Moldau verdient gemacht hatte. Um die Weiterfahrt der Salzzillen abwärts der Traun zu sichern, wurde 1629 eine weitere Seeklause in Gmunden, wo die Traun aus dem gleichnamigen See floss, errichtet.
Schwieriger noch als der niedrige Wasserstand des Flusses waren natürliche Hindernisse, die für die Salzschiffe sehr gefährlich waren: In der Gemeinde Lauffen südlich von Bad Ischl gab es eine sehr bedrohliche Stromschnelle. Der Name „Lauffen“ kommt von dem mittelhochdeutschen Wort für eine solche. Noch heute steht am Beginn der Gefahrenstelle eine Säule aus Marmor, die von den Schiffern „Gott's-Nam'-Stoan“ genannt wurde. Denn die Angst, in dieser Stromschnelle die wertvolle Ladung und wahrscheinlich auch das Leben zu verlieren, war groß – die meisten Schiffsleute konnten nicht schwimmen. Ein Stoßgebet an den Hl. Nikolaus und an den lieben Gott, dann gab es kein Zurück mehr. In der

Flussmitte war ein Leitwerk errichtet, links davon war die Fahrrinne für die Salzzillen – ein Dankgebet und große Freude, wenn es wieder einmal ohne Unfall geklappt hat.

Das größere Hindernis aber sollte erst noch kommen: der bereits in diesem Buch kurz erwähnte Traunfall bei Steyrermühl unterhalb von Gmunden. Bis Anfang des 14. Jahrhunderts mussten die Salzzillen entladen, die Kufen um den Fall herumgetragen und ein anderes Schiff damit beladen werden. Dann versuchte man ein erstes Mal, den Fall schiffbar zu machen. Wie das ausgesehen haben soll, ist nicht überliefert. Jedenfalls war es so gefährlich, dass die Salzfertiger von Gmunden eine Kapelle für den Hl. Nikolaus samt einer wöchentlichen Messe stifteten – sie erinnert an die Toten einer Hochzeitsfahrt, die die Kanaleinfahrt verfehlte und 17 Meter tief über den Traunfall hinunterstürzte. Die Kapelle wurde später barockisiert und steht heute immer noch am Ufer des Traunfalls. Mitte des 16. Jahrhunderts nahm sich wiederum Thomas Seeauer des Problems an. Unter der Leitung des Forst- und Wassermeisters baute man einen 400 Meter langen hölzernen Fahrkanal, wodurch die Fallzillen in einer knappen Minute das Hindernis hinter sich lassen konnten. Die hohe Geschwindigkeit, in der die schwer beladenen Zillen die Fahrrinne überwunden, wurde gebremst, indem das durchschießende Wasser ablief und der Zillenboden die Fahrrinne berührte – ganz unten floss das gesamte Wasser ab und die Zille schrammte unter lautem Getöse über das Holz, um mit niedriger Geschwindigkeit unten wieder in normales Fahrwasser zu geraten. So machten sich in der Regel zehn Schiffe, sechsmal in der Woche, auf den schwierigen Weg über den Traunkanal nach Stadl. Dort wurde ihre Ankunft von der Schifferglocke auf dem Meldeturm verlautbart, damit die Arbeiter zum Umladen kommen sollten. Denn ab Stadl ging es auf der Traun gemächlicher zu, es konnten leichtere Schiffe eingesetzt werden.

Wie es auf dieser Fahrt über den Traunkanal zuging, hat der bairische Gelehrte Joseph August Schultes 1809 in seinem Buch *Reisen durch Oberösterreich* geschildert: „Ja, lieber Freund. Sie werden einen Wasserfall hinabfahren. In der kurzen Strecke von 200 Klaftern [1 Klafter umfasst, was ein Mann mit ausgebreiteten Armen misst, also etwa 180–250 cm, W. S.] wird das Schiff mit Ihnen eine Höhe von 10 Klaftern hinabfliegen. Fürchten Sie nichts! Da kommt schon wieder ein Polster [= Wehr, W. S.]. Sehen Sie, wie der Schnabel des Schiffes hinabstößt in die schäumende Tiefe, wie die Wogen hereinschlagen, wie das Schiff, als drohe es in der Mitte zu zerbrechen, krachend sich biegt unter seiner Last, wenn es auf der oberen Kante der Wehr balanciert, wie der Hintersteven hineinschlägt in den Schwall, dass die Wogen weit umherspritzen … Sehen Sie diesem fürchterlich-schönen Schauspiel ruhig zu – es wird Ihnen nichts geschehen. Widerlich sind mir nach meinem Gefühl die sogenannten Schleudern. Es handelt sich um Beschläge am Ufer aus losen Balken, an die das Schiff hart anfahren muss, um wieder in den Fluss hinausgeworfen zu werden. Da steuert der Schiffer gerade darauf hin, als wollte er den Balken durchrennen, und Sie glauben den Schnabel des Schiffes in Trümmer gespalten zu sehen. Da wirft die Gewalt des Stromes das Schiff so mächtiglich der ganzen Länge nach an dieses Beschläg, dass Sie sich an Ihrem Nachbarn festhalten müssen, um nicht zu Boden geschleudert zu werden. Da krachen die Wände des Schiffes, als wollte alles in Trümmer zerbersten, da beutelt es die zentnerschweren Fässer und Salzstöcke im Schiff wie Bohnen im Sieb. Die Schiffswand pfeift am Beschläg vorbei, und wir sind wieder hinausgeworfen in den Strom."

Nicht nur Schultes, auch ein anderer Reisender, der Direktor des Klerikalseminars zu Freising, Johann Baptist Zarbl, meldete sich 1831 in diesem Zusammenhang zu Wort: „Das Schiff … eilt wie ein flüchtiger Schatten durch die dunkle Öffnung. Schon ist es da, der Boden bebt, die Wände dröhnen, das Schiff biegt sich krachend in seiner Mitte, und als müsste es in tausend Trümmer zerschellen, wirft es sich am Ende des Kanals in die Fluten. Da scheint es einen Augenblick stille zu stehen. Von beiden Seiten stürzen die Wogen ungestüm über das Fahrzeug her. Schäumend schlagen sie über den Vorderteil des Schiffes, während es hinten, als wolle es mitten entzwei brechen, in die Höhe schnellt. Aber es ringt sich durch, es ist dem Schlunde entronnen."

Ausflugstipps

Traunfall

www.salzkammergut.at/oesterreich-poi/detail/401995/traunfall.html

Der Wasserfall befindet sich an der Gemeindegrenze von Desselbrunn und Roitham. Ein Parkplatz liegt in unmittelbarer Nähe.

Schiffleutmuseum

Fabrikstraße 13, A-4651 Stadl-Paura

+43 7245 2801115, schiffleutmuseum@gmail.com

www.schiffleutmuseum.at

In den Ausstellungsräumlichkeiten kann man u. a. ein Modell des „fahrbaren Kanals" am Traunfall bewundern.

Traunsee

Auch wenn immer wieder einmal angemerkt wird, dass der Traunsee und seine anliegenden Orte nur ganz am Rande des inneren Salzkammergutes liegen und, wie man zuweilen liest, nicht alle inneren Salzkammergütler über ihr Autokennzeichen „GM“ für Gmunden begeistert sein sollen: Sowohl für das salzige als auch das touristische Salzkammergut ist der Traunsee von großer Bedeutung. Die Landschaft könnte schöner – manche sagen: romantischer – nicht sein. Da wäre die Ostseite des Sees mit seinen Bergen und Wäldern, überragt vom Traunstein als markantem Blickpunkt des Panoramas. Da wären aber auch die Ortschaften des Westufers, wo auch die Verkehrswege verlaufen, mit Sommerfrische-Architektur, die an alte Zeiten erinnert und doch immer noch so modern ist. Aber auch bis vor die Mitte des 19. Jahrhunderts zurückreichende Errungenschaften, im Zusammenhang stehend mit dem, was das Kammergut der Habsburger zur unerschöpflichen Geldquelle werden ließ, dem „weißen Gold“.

In der Saline von Ebensee, am Südende des Traunsees, liefen und laufen die Soleleitungen aus Hallstatt, Bad Ischl und dem Ausseerland zusammen. Heute werden hier mit den modernsten technischen Methoden etwa 1,2 Millionen Tonnen pro Jahr produziert, das sind 150 pro Stunde, weitgehend maschinell und mit wenigen Arbeitskräften. Früher sott man die Sole in gewaltigen Pfannen und unter Einsatz vieler Menschen und ihrer Arbeitskraft. Das Salz wurde in großen Zillen über den Traunsee gerudert, bei gutem Wind unterstützt von Segeln, um von Gmunden aus, am anderen Ende des Traunsees, die bereits erwähnte gefährliche Fahrt über den Traunfall, anschließend gemächlicher über Stadl-Paura den Weg zur Donau anzutreten.

Blick auf den Traunsee.

Gmunden

„Wien mochte eine glänzende Residenzstadt sein, doch in Gmunden war das Machtzentrum habsburgischer Wirtschaftsinteressen“, konstatierte bereits Alfred Komarek. Hier, im Kammerhof, war das Salzamt beheimatet, dessen Beamte über alles wachten, alles entschieden, was auch immer mit dem Salz aus dem Kammergut zu tun hatte. Sogar die Gerichtsbarkeit über die Arbeiter und alle anderen Untertanen war hier bei den Beamten des Salzamtes zusammengefasst. Was auch immer an Wohl und Wehe im Kammergut geschah, das Salzamt hatte Macht darüber. Eine Macht, die zu Beginn des 19. Jahrhunderts schön langsam ins Bröckeln geriet und sich nicht mehr als zeitgemäß erwies. Joseph August Schultes notierte 1809: „Ein Städtchen, bloß von Kanzelleyherren bewohnt, die durch ihre Geist und Körper tödtenden Schreibereyen alle zu Hypochondristen werden müssen, muß einen traurigen Anstrich bekommen.“ Vielleicht mit ein Grund, warum man die Gmundner im inneren Salzkammergut nicht besonders schätzte. Vierzig Jahre später löste Kaiser Franz Joseph die Kammergutsverfassung endgültig auf und bildete die „Salinen- und Forstdirektion für Oberösterreich“. Das war hoch an der Zeit, denn zum einen begann das „weiße Gold“ langsam an Bedeutung zu verlieren, zum anderen zeichnete sich in dieser regionalen Kapitale der Wandel zu einer langsam sich ausbreitenden Sommerfrische ab. Dafür war Gmunden sozusagen prädestiniert, gab es nicht bereits ein von wohlhabenden Bürgern und gut verdienenden Beamten geformtes und gefestigtes Stadtbild. Was sich zunächst nicht gerade positiv auswirkte, denn es wurde wenig gebaut und Wohnungen für Gäste waren selten und teuer: Dies allerdings änderte sich um die Jahrhundertmitte. Die Lage am See und das vom Biedermeier geschätzte romantisierende Panorama taten ein Übriges, um Gäste anzulocken. Peter Altenberg schwärmt: „Wie waren die Bootsfahrten ans andere schattige Waldufer (Damen ruderten mich

Foto Seite 124–125: Blick über das Seeschloss Ort nach Gmunden.

willig) und dort die absolut friedevollsten Jausenplätze, wo man vom Ausruhen am anderen Ufer (Gmunden) nun noch doppelt ausruhte, in frischer kühler Traunsteinluft!"
Bereits 1824 wurde eine erste private Solebadeanstalt eröffnet und 1860 errichtete der Arzt Dr. Feuerstein eine Kuranstalt – das kurzweilige Kurleben konnte beginnen. Zentrum dieser kurärztlichen und lebensfrohen Sommerfrische war die von 1850 bis 1862 anstelle der abgerissenen Stadtmauer und auf dem aufgeschütteten Ufer eingerichtete „Esplanade". Mit herrlichem Blick auf See und Traunstein, unter schattenspendenden Kastanien, immer wieder angelockt von Terrassencafés und Gastgärten, kann man auch heute noch bis zum 1888 im Jugendstil errichteten Gebäude des Yacht Clubs Traunsee spazieren und weiter bis zur Halbinsel Toscana mit ihren Schlössern: Schloss Ort, das man nur über eine gut 120 Meter lange Holzbrücke erreichen und auf einem Panoramaweg umrunden kann, gilt heute, seit es als Kulisse für die Fernsehserie *Schlosshotel Orth* gedient hat, als Wahrzeichen Gmundens. Für das Schloss selbst muss Eintritt bezahlt werden. In zwei Ausstellungen gibt es hier allerlei über die TV-Serie und Interessantes zum „Mythos Traunstein" zu sehen. In der zweiten Hälfte des 19. Jahrhunderts war es in den Besitz des Erzherzogs Johann Nepomuk Salvator aus der toskanischen Linie der Habsburger gelangt. Er war ein herber Kritiker der kaiserlichen Politik und damit in Ungnade gefallen, legte seine Titel ab, nannte sich fortan „Johann Orth" und heiratete unstandesgemäß eine Balletttänzerin der Hofoper. Mit der er als leidenschaftlicher Seefahrer von einer Schiffsreise nach Südamerika nicht mehr zurückkehrte und 1911 für tot erklärt wurde.

Am Landschloss Ort vorbei, gleich nebenan im Toscana-Park, ließ der Erzherzog einst ein prächtiges Schlösschen für seine Mutter errichten. Es ist heute Teil eines Kongresszentrums, was ihm viel von seiner einstigen Schönheit geraubt hat.

Auf der anderen Seite der Traun, über die Gmundner Traunbrücke, kommt man in die ehemalige Vorstadt. Dort, im Schloss Weyer, beherbergt eine Galerie eine bedeutende Sammlung mit Meißner Porzellan. Auch das neugotische Schloss Cumberland ist hier zu finden. Als das Königshaus von Hannover, die Welfen, von den preußischen Königen vertrieben worden waren, siedelten sie sich hier in Gmunden an und nahmen den Titel der Herzöge von Cumberland an. Das Schloss gehört heute dem Land Oberösterreich. Die Villa Thun, auch Königinvilla genannt, befindet sich aber noch immer in Hannoveraner Familienbesitz.
An der Traunbrücke steht zudem der Kammerhof, ehemals Sitz des Salzoberamtes, heute Museum der Stadt. Die alte Salzamtskirche, das Bürgerspital St. Jakob, ist Teil des Museums, ebenso eine einzigartige Ausstellung zum Thema „Klo und so", in der kuriose Sanitärobjekte aus vielen Jahrhunderten zu sehen sind.

Der Rathausplatz am Hafen und am Beginn der Esplanade öffnet sich, ganz italienisch, zum See. Dort, am Hafen, ist auch der alte Raddampfer „Gisela", im Jahr 1872 in Dienst gesetzt und nach der ältesten Tochter des Kaisers benannt, vertäut und verrichtet im Sommer an den Wochenenden immer noch seinen Dienst.
Am vierten Sonntag der Fastenzeit (für Kenner: Laetare) werden bereits seit 1641 die Armen der Stadt zu einem gemeinsamen Mahl eingeladen. Mittlerweile hat sich der alte Brauch geändert. An diesem „Liebstattsonntag" kann man überall in der Stadt Lebkuchenherzen kaufen, die man als Dank für erhaltene Liebe verschenkt. Mit diesem Lebkuchen bezeugen auch ledige Burschen ihrer Liebsten den Willen zu Verlobung und Heirat. Dieser Brauch, der sich von Gmunden aus über Oberösterreich verbreitet hat, wurde 2014 zu einem nationalen immateriellen Kulturerbe Österreichs ausgerufen.

In einer Loggia des Rathauses hängt ein Keramikglockenspiel – ein Euphemismus, denn die Glocken sind aus Meißner Porzellan, da Keramik zu dumpf tönen würde. Gmunden ist auch eine berühmte Keramikstadt, man kennt das „Gmundner Geflammte“ weit über Österreich hinaus. Eine Führung durch die Keramikfabrikation lohnt sich.

Am Rathausplatz war einst auch der Bahnhof für die Pferdeeisenbahn nach Linz und Budweis, die von 1832 an das Ende der Salztransporte auf der Traun einläutete.
Da der Bahnhof von Gmunden etwas außerhalb liegt, verbindet die kürzeste und steilste Trambahn Österreichs den Rathausplatz im Zentrum mit den Zügen. Die Traunseetram ist barrierefrei und bringt ihre Fahrgäste in kurzen Abständen zum jeweiligen Ziel.

Ausflugstipps

Kammerhof Museum Gmunden
Kammerhofgasse 8, A-4810 Gmunden
+43 7612 794423, museum@gmunden.ooe.gv.at
www.k-hof.at

Der K-Hof vermittelt in seiner Ausstellungssektion „Salz und Tourismus" einen vielfältigen Einblick in die Geschichte der alten Salzhandelsstadt und späteren Kurstadt.

Traunkirchen

In Traunkirchen bezogen im Jahr 1020 Benediktinerinnen aus Salzburg, damals noch Juvavum, das dazumal schon seit 400 Jahren nachweisbare Kloster. Um den Nonnen das Überleben zu sichern, beschenkte sie der Baiernherzog mit Salzrechten und Anteilen an Sudpfannen. Natürlich hatten sie, wie alle Klöster der Region, ein großzügiges jährliches Salzdeputat. Diese Rechte wurden erst mit der Errichtung des Kammergutes mit Geld abgelöst. Bis dahin aber spielte Traunkirchen mit seinem Kloster beim Salz eine gewichtige Rolle.

Auf dem Felsbuckel, der heute den Ort überragt, wurde eine mehr als 5000 Jahre alte heidnische Kultstätte gefunden. Die Römer setzten einen Tempel an ihre Stelle und seit 1354 ist eine Kapelle genannt, die dem Hl. Johannes dem Täufer geweiht ist. Den Weg hinauf nennen die Einheimischen immer noch den „Odinsweg“.

Wenn auch mit der Aufhebung des Jesuitenordens 1773, der das Kloster übernommen hatte, die Bedeutung Traunkirchens abgenommen hat – die Baulichkeiten des Klosters sollte man trotzdem erkunden. In der Klosterkirche zieht eine berühmte Kanzel alle Blicke auf sich. Sie zeigt die Geschichte des „reichen Fischzugs“ des Neuen Testaments: Die Apostel ziehen das mit Fischen schwer beladene Netz aus dem Wasser, Christus steht daneben. Diese Geschichte ist öfters dargestellt. Es gibt aber wohl kein anderes Schnitzwerk, was das aus dem tropfenden Netz strömende Wasser intensiver beschreibt. In silbernen Kaskaden fließt es hinunter in den Kirchenraum.
Auf dem Schalldeckel der Kanzel ist der Jesuitenheilige Franz Xaver zu sehen, umrahmt von Menschen mit dunkler Hautfarbe, die er auf seinen Missionsreisen bekehrt hat.

Die berühmte Fischerkanzel in der Pfarrkirche von Traunkirchen.

Im Kloster kann man auch ein Handarbeitsmuseum aufsuchen, in dem die kunsthandwerkliche Tradition rund um den Traunsee eindrucksvoll dargestellt wird.

Der schönste Weg, sich Traunkirchen zu nähern, ist mit dem Linienschiff von Gmunden oder Ebensee. Das Kloster, eine verträumte Badebucht unterhalb des Felsbuckels, ein Ort, der sich idyllisch darbietet, so, als ob die Zeit der Sommerfrische noch nicht vom eiligen Tourismus abgelöst worden ist: alte Landhäuser, Jugendstilvillen – immer einen genussvollen Spaziergang wert. Zwei davon sind besonders erwähnenswert: Die Villa Pantschoulidzeff , kurz „Russenvilla“ genannt, wurde für eine russische Fürstin in den Jahren 1850 bis 1854 von dem berühmten Wiener Architekten Theophil von Hansen erbaut. Kaiser Franz Joseph war hier ebenso zu Gast wie sein Bruder Maximilian, der Kaiser von Mexiko, aber ebenso auch der berühmte Dirigent Artur Rubinstein oder die Dichter Rainer Maria Rilke und Adalbert Stifter.

Im Jahr 1897 erwarb Rudolf Slatin die 1870 erbaute Spitzvilla. Slatin, den Kaiser Franz Joseph in den Freiherrnstand erhoben hatte, war um die Jahrhundertwende eine bekannte Persönlichkeit, ein Forschungsreisender, österreichisch-ägyptischer Offizier und britischer Generalmajor, bei dem neben anderen der Kaiser selbst und der englische König Eduard VII. zu Gast waren.

Heute gehört die Villa dem Land Oberösterreich, beherbergt ein bekanntes Restaurant und dient als Ausstellungs- und Veranstaltungszentrum.

Ausflugstipps 

„Traunkirchen – Salzhafen der Eisenzeit"
(Ausstellung im Gemeindeamt Traunkirchen)
Ortsplatz 1, A-4801 Traunkirchen
+43 7617 3466, www.archekult-traunkirchen.at

Ende März 2023 wurde die neu gestaltete Ausstellung eröffnet. Die lokale Initiative „Archekult" zeigt sich weiterhin (Stand 2023) darum bemüht, neben dem virtuellen Museum und diesem Schauraum im Gemeindeamt ein eigenes Museum zu errichten.

Die bronze- und eisenzeitliche Seeufersiedlung auf der Traunkirchner Halbinsel ist Ausdruck der Impulse, die der Salzbergbau in Hallstatt auch hier im regionalen Umfeld eröffnete, worüber die Ausstellung genaue Auskunft gibt.

Bad Ischl

Das kleine Städtchen am Zusammenfluss von Ischl und Traun scheint heute der unbestrittene Mittelpunkt des Salzkammergutes zu sein. Das zeigt auch die Ernennung der Region, angeführt von Bad Ischl, zur europäischen Kulturhauptstadt 2024. Der Ort hat nicht mehr viel mit dem Salz zu tun, obwohl seit der zweiten Hälfte des 16. Jahrhunderts und bis heute immer noch Salz gefördert und über die Soleleitung nach Ebensee geschwemmt wird. Auch die Besichtigung der Salzstollen wurde Mitte der 1990er Jahre eingestellt.

Seit dem 19. Jahrhundert hat Ischl einen vollkommenen Identitätswechsel vollzogen: zuerst zu einer der bedeutendsten Sommerfrischen des Habsburgerreiches und später zu einer der wichtigsten touristischen Destinationen des Salzkammergutes. Es ist ein Treppenwitz der Geschichte, dass dieser Wechsel aber dennoch direkt mit dem Salz zu tun hatte …

Im Habsburger Kaiserhaus herrschte Panik, denn es drohte auszusterben. Der Kaiser hatte zwar zwei Söhne: Der eine, Ferdinand, war, glaubt man den Überlieferungen, nicht gerade mit den größten geistigen Gaben versehen – der Volksmund nannte ihn deshalb „Nandl den Trottl“. Man setzte alle Hoffnungen auf seinen Bruder Erzherzog Franz Karl und seine Gemahlin Sophie, die eine Schwester des bayerischen Königs Ludwig I. war. Doch auch bei ihnen stellte sich mehr als zwei Jahre lang kein Nachwuchs ein. In den höchsten Kreisen Wiens sprach man damals bewundernd von dem Arzt Dr. Wirer – er war längst zum Modearzt avanciert –, der in Ischl mit der Solekur wahre Wunder vollbrachte. Es liegt nahe, dass die tatkräftige Erzherzogin Sophie, vom Universitätsprofessor Franz Wirer beraten, bestrebt war, mit einer solchen Kur ihrem Kinderwunsch nachzuhelfen. Und tatsächlich: Im Jahr 1830 gebar sie einen Sohn, Franz

 Foto S. 134–135: Kaiservilla in Bad Ischl, daneben eine dort ausgestellte Salzschale.

Joseph, den sie mit aller Energie und einem starken Durchsetzungsvermögen (man apostrophierte sie zuweilen als den „einzigen Mann am Hofe“) im Alter von 18 Jahren bereits auf den Thron des Kaisers hievte. Dass ihre rücksichtslose Einmischung in die spätere Ehe ihres Sohnes mit ihrer Nichte Elisabeth, also Sisi, der Verbindung geschadet hat, steht auf einem anderen Blatt. Franz Joseph erhielt noch zwei Brüder, Maximilian und Karl Ludwig. Auch deren Geburt schrieb man der besonderen Kraft der Ischler Solebäder zu. Die drei Brüder firmierten deshalb auch unter dem Namen „Salzprinzen“.

* Franz Wirer Ritter von Rettenbach und die erste Solebadeanstalt *

Im Ischler Kurpark, den er selbst gestiftet hatte, hat ihm die Stadt ein Denkmal gesetzt. Er hat es sich verdient. Denn neben dem Kaiser kommt ihm das größte Verdienst am Aufstieg Ischls zum weltberühmten Kurort zu. Nicht nur ein hervorragender Arzt, Hofarzt und Leibarzt von Kaiser Franz Joseph, Lehrer und Rektor der Universität Wien, verstand er es auch, die Zeichen der Zeit zu lesen, Medizin und gesellschaftliche Anforderungen unter einen Hut zu bringen und war aufgeschlossen gegenüber allem, was um ihn herum vorging. Und er verstand es schließlich, richtungsweisende Schlüsse daraus zu ziehen.

In den 20er Jahren des 19. Jahrhunderts reiste er mit Kollegen ins Salzkammergut nach Ischl, wo ein Mediziner des Kammergutes, Josef Götz, große Heilerfolge publiziert hatte, die er bei der Anwendung von Solebädern bei Hautkrankheiten von Salinenarbeitern erzielte. Die Heilwirkung von Sole und Meerwasser nicht nur bei Hautkrankheiten war schon seit der Antike bekannt, der berühmte Paracelsus schwor auf die Heilwirkung von Sole, aber es scheint, als wäre diese Therapie bis zur Wende vom 18. zum 19. Jahrhundert vergessen und neu entdeckt oder durch neue Methoden chemischen Erkennens auf neue Beine gestellt worden. Dies, obwohl bereits Kaiser Maximilian I. schon 300 Jahre früher die Heilkraft der Ischler Solequellen schätzen gelernt hatte.

Franz Wirer hatte die Idee, in Ischl ein Solebad zu errichten und griff damit auf, was in der besseren Gesellschaft schon länger beredet worden war: die Heilkraft von Kurbädern. Für den Erfolg setzte der Arzt von Anfang an auf das Klima und die landschaftliche Schönheit – und wurde nicht müde, darauf hinzuweisen, dass medizinischer Erfolg wesentlich auch von angeregter Entspannung und geistiger Lockerheit abhinge. Wirer setzte auf das Kaiserhaus und seine Zugkraft, zumal Erzherzog Karl Ludwig schon seit 1804 jeden Sommer in Ischl zubrachte. Zu angeregter Entspannung gehörte auch ein entsprechend hochwertiges gastronomisches Angebot. Deshalb lockte er den Wiener Konditor Zauner, dessen Name bis heute mit dem Ort verbunden ist, nach Ischl und betrieb selbst den Wirer-Keller. Im Jahr 1823 gründete er zusammen mit Josef Götz die erste österreichische Solebadeanstalt. Der Erfolg blieb nicht aus. Bald mussten die Kurbäder erweitert werden. Und Wirer ließ nicht locker. Er veranlasste, dass in Ischl weitere, der Gesundheit förderliche und zunehmend modernere Einrichtungen entstanden: ein Dampfbad, ein Schlammbad, Molkenbäder, eine Badeanstalt und Angebote für Gymnastik. Er initiierte eine Aktiengesellschaft zum Bau eines Theaters, kümmerte sich um eine Poststation, finanzierte Spazierwege. Für die Ischler selbst regte er eine Spinnstube und eine „Kleinkinderbewahranstalt“ an. Kein Wunder, dass man Franz Wirer zuerst adelte und ihm dann ein Denkmal setzte.

Schon zu Zeiten des Kammergut-Beschreibers Johann Steiner genoss Ischl einen Ruf als bedeutender Sole-Kurort. Einer, der diesem Ruf Vorschub leistete, war Erzherzog Rudolph, der Fürsterzbischof von Olmütz, der schwer erkrankt war und hier genas. Auch Kaiserin Caroline und mit ihr Kaiser Franz waren in Ischl zur Kur und in ihrem Gefolge eine große Schar hoher Adeliger. Sie alle nahmen nicht nur Solebäder, sondern suchten Erholung und Gesundheit durch Zerstreuung, wie es Dr. Wirer vorschrieb. Steiner schreibt: „… wenn auch die Umgebung von Ischl ohnedieß einem natürlichen Garten mit den herrlichsten Anlagen gleicht, so ist es doch der Zerstreuung, der Erholung und Erheiterung der Kurgäste ersprießlich, auf zweckmäßig gewählten Plätzen auch der Ruhe und des Schutzes vor Sommerhitze genießen zu können …" Der „Reisebegleiter" notierte insgesamt 39 solcher Plätze, die in und um Ischl als „Unterhaltungs- und Ruheplätze" vom Verschönerungsfonds ausgewiesen waren. Unter den Stiftern waren Fürst Metternich, das Kaiserpaar und viele andere. Der Volksgarten wurde vom Badearzt Josef Götz gestiftet. Franz Wirer selbst stiftete „Wirers Sonnenschirm" auf dem Siriuskogel und „Wirers Hain". Sogar einen Prater gab es mit Schießstätten, einer Scheibkugelstätte (Kegelbahn) und dem beliebten „Taubenschießen". Alle diese Plätze wurden rund um das Jahr 1825 meist als Pavillon mit Sitzbänken angelegt und hießen etwa „Cäcilien's Harmonie" oder „Henrietten's Unruhe".
Im selben Jahr auch vermeldete Ischl bereits 278 Zimmer und 51 Kammern zur Unterkunft von Gästen. Notwendig und erforderlich deshalb, weil auch weniger wohlhabende, aber der Solekur bedürftige Kreise in den Genuss eines Aufenthalts in Ischl kommen sollten. Das neu errichtete Posthaus allerdings wies nicht nur 25 Zimmer aus, sondern auch Stallungen für 48 Pferde und eine Remise für 10 Kutschen. Eben zu dieser Zeit beschäftigte man sich in Ischl mit der Frage, ob man Kommunalbäder einrichten solle, in der Weiblein und Männlein

miteinander in der Sole sitzen könnten – oder ob man es bei „Solitärbädern“ belassen sollte. Man entschied sich, der Schicklichkeit wegen, für Letzteres. Denn wie schon Johann Steiner fragte: „Was ist ein Bademantel anderes, als ein von oben bis unten geschlossenes Hemd über dem nackten Körper?“

* Johann Steiners Reisebericht *

„Es ist dieser kleine Erdstrich, jener Teil des österreichischen Kolosses, in welchem aus der unversiegbaren Quelle der Natur, den obderennsischen Gebirgsbewohnern reichlicher Stoff zur Nahrung verschafft, Betriebsamkeit, Genie, Speculation erweckt, für Millionen Menschen die unentbehrlichste aller Würzen der Speisen – Salz – erzeugt, den Einkünften des Staates bedeutender Zufluss eingebracht wird.“ So hat Johann Steiner, k. k. Forstbeamter am Mondsee, in seinem Buch *Der Reisegefährte durch die Oesterreichische Schweitz oder das ob der ennsische Salzkammergut: in historisch, geographisch, statistisch, kammeralisch und pitoresker Ansicht; ein Taschenbuch zur geseeligen Begleitung in diesen Gegenden* das Salzkammergut beschrieben.
Neun Jahre lang hatte er im Vorfeld die Region durchstreift, eine exakte Beschreibung der damaligen Verhältnisse geliefert und mit vielen Falschmeldungen und Vorurteilen aufgeräumt. Mit „Reisegefährte“ meinte er ein Taschenbuch, das ein Reisender einstecken konnte und jederzeit zum Nachlesen griffbereit hatte. Das Format war entsprechend klein, der Umfang umfasste aber mehr als 400 Seiten. Die erste Auflage erschien 1820; 1829 und 1832 folgten zwei weitere.

In der Zeit zwischen erster und dritter Auflage hatte sich im Salzkammergut sehr viel geändert. Der Identitätswechsel vom Salzproduzenten zum Anziehungspunkt für Sommerfrischler war voll im Gange: „Dort, wo vor kurzem ein unbeachtetes Heulager stand, imponirt nun ein herrliches Posthaus … wo die dumpfe Holzhütte Faulungsgerüche spendete, strömt nun aus dem niedlichen Kaffeehause lockendes Aroma …“

Der Salzprinz Kaiser Franz Joseph verbrachte mehr als 60 Jahre lang – er herrschte von 1848 bis 1916 – die Sommermonate in Ischl. Er verlegte in dieser Zeit seine Regierungsgeschäfte hierher und zog, der Sonne gleich, die hohe Politik, den Geldadel, Wissenschaftler und Künstler zuhauf an, die den Ruf Ischls (der Ort wurde 1906 zum Bad, 1920 zum Kurort erhoben) und des Salzkammergutes in aller Welt verbreiteten. Auch der Aufruf *An meine Völker!* und die Kriegserklärung an Serbien 1914 wurden in der Kaiservilla von Bad Ischl unterzeichnet. Im selben Jahr noch verließ Kaiser Franz Joseph Bad Ischl für immer.

In der zweiten Hälfte des 19. Jahrhunderts machte Ischl und mit ihm das Salzkammergut eine bedeutende Entwicklung durch. Die wirtschaftliche Bedeutung der Region auf der Basis des Salzes trat in den Hintergrund, die Schönheit der Landschaft mit ihren vielen Seen und Bergen wurde immer wichtiger. Das entsprach dem Zeitgeist und wurde durch das Zentralgestirn Franz Joseph in hohem Maße befördert. Neben dem Geldadel betraf dies vor allem die Künstler, die den Vorzug hatten, ihren Arbeitsplatz frei wählen zu können. Nicht alle aber fanden Inspiration in der Schönheit der Landschaft. Johann Strauss zum Beispiel bevorzugte Regenwetter, weil er da ungestört von äußeren Einflüssen komponieren konnte. Andere, wie Nikolaus Lenau, störte der berühmte Schnürlregen. Jedenfalls widmete er ihm 1838 ein Gedicht, in dem es u. a. heißt:

Himmel! Seit vierzehn Tagen unablässig
Bist du so gehässig und regennässig,
Bald ein Schütten in Strömen, bald Geträufel;
Himmel, o Himmel, es hole dich der Teufel!

Ungastfreundlicher Strolch! Die schönsten Frauen
Kamen, zu baden und das Gebirg zu schauen;
Baden können sie genug, doch den Hals nie strecken
Aus dem Tale, dem riesigen Badebecken.

Arthur Schnitzler scheint sich in den Ischler Sommer fallen zu lassen, wenn er in seinem Tagebuch schreibt: „An den ersten Tagen des Ischler Aufenthalts beendete ich die Novelle ‚Gabrielens Reue'. Von da an tat ich absolut nichts, als spazieren gehen und fahren, ev. reiten, plaudern und etwas lesen."

⁎ Ischler Abschied von Sigmund Freud ⁎

Sigmund Freud liebte seinen Sommerfrische-Urlaub über alles und nahm sich jedes Jahr volle drei Monate (meist von Juli bis September) dafür Zeit. Er tauschte dann seinen förmlichen dunkelgrauen Anzug gegen Trachtenjoppe und Kniebundhosen ein, ging mit seinen Kindern Schwammerlsuchen, Wandern und Schwimmen – oder traf sich mit wichtigen Leuten. Das Ausseerland mochte er besonders gern. Bad Ischl eigentlich nicht so sehr, denn „ob Reichenau oder Ischl", schreibt Annette Meyhöfer in ihrer Freud-Biografie, „das war für ihn gleichbedeutend mit Huhn und Blumenkohl." Trotzdem war er überraschend oft Gast zu Kaiser Franz Josephs Geburtstag in Bad Ischl – nicht wegen des Kaisers, denn der Kaiser und Sigmund Freud passen eigentlich nicht recht zusammen. Freud kam wegen seiner Mutter, die am gleichen Tag wie Franz Joseph, am

18. August, Geburtstag hatte und diesen in Ischl mit der Familie feierte. Für den Bürgermeister samt Blasmusikkapelle ging das Gratulieren in einem Aufwasch – auf dem Weg zum Kaiser kam man schnell noch zum Beglückwünschen vorbei und brachte ein Ständchen. In den Sommermonaten, wenn der Kaiser in Ischl residierte, wurde das sonst eher verschlafene Städtchen zum Nabel der Welt. Hier machte der Kaiser Weltpolitik, hier empfing er die mächtigen Herrscher ihrer Länder und zog damit auch die adelige Gesellschaft, das Großbürgertum sowie Schriftsteller und Künstler an. So flanierten auf der Esplanade neben Grafen und Komtessen auch Bankdirektoren, Fabrikbesitzer, Operndirektoren, Komponisten, Librettisten, Ärzte und Gelehrte. Von Juni bis September war Bad Ischl das politische und kulturelle Zentrum der Habsburgermonarchie. Da durfte natürlich Sigmund Freud nicht fehlen, der hier mit seinem Mentor und Kollegen Joseph Breuer wandern ging. Mit ihm zusammen verfasste er die *Studien zur Hysterie* und man fragt sich, was es zu bedeuten hat, dass die Frauenrechtlerin Berta Pappenheimer ausgerechnet in Bad Ischl – und noch dazu in Anwesenheit der beiden Herren – ihre ersten hysterischen Anfälle hatte. Sie ging als der „Fall Anna O." in die Geschichte ein.

Im Jahr 1930 war Sigmund Freud das letzte Mal in Bad Ischl. Der Kaiser war längst nicht mehr da, wohl aber Freuds Mutter, die ihren 95. Geburtstag feierte und den letzten ihrer unzähligen Kuraufenthalte in Bad Ischl verbrachte. Sie war bereits schwer krank, wurde in Wien auf einer Bahre zum Zug getragen und musste während der Fahrt von einem Arzt betreut werden. Bei der Ankunft in Bad Ischl stand ein Ambulanzwagen bereit, um sie in ihre Unterkunft zu bringen. Kaum angekommen, ging es ihr aber wieder ein wenig besser. Sie konnte am Balkon sitzen und die schöne Aussicht genießen. Freud nahm am 24. August desselben Jahres endgültig Abschied von seiner Mutter. Er

hielt sich noch bis Ende September am Grundlsee auf, während Amalia Freud, zurück in Wien, am 12. September verstarb.
Auch Freud kehrte nie mehr nach Bad Ischl und ins Ausseerland zurück. Mit dem Siegeszug der Nationalsozialisten waren lebensgefährliche Zeiten für Juden angebrochen. Schon 1933 wurden Forderungen nach einer „arischen Sommerfrische" im Salzkammergut laut. Ab Sommer 1938 war Juden das öffentliche Tragen von alpenländischen Trachten wie Lederhosen, Joppen, Dirndlkleidern, weißen Wadenstutzen usw. verboten. Das traf Freud nicht mehr direkt: Am 4. Juni 1938, zu Beginn der Sommerfrische-Saison, war er bereits nach London emigriert.

Die bekannte Pädagogin und Frauenrechtlerin Eugenie Schwarzwald eröffnete nach dem Ersten Weltkrieg nicht nur in Ischl Erholungsheime für Kinder und Erwachsene. Der Lehrer am Max Reinhardt Seminar, Felix Braun, war dort zu Gast, dem folgende Worte zugeschrieben werden: „Der breite Solenweg gegen Ischl [von Lauffen, W. S.] zu war wie ein Hallengang unter hohen Fichten und Tannen, und ich begriff, dass sogar der Kaiser in solcher Schönheit sich zu ergehen verlangte."
Kultureller Mittelpunkt von Ischl war das 1827 erbaute Theater, das später Lehar-Theater genannt wurde und heute als Filmtheater und Schauplatz öffentlicher Veranstaltungen dient. In ihm feierte etwa Johann Nestroy, der im Ort eine Villa besaß, Triumphe, Johann Strauss stand am Dirigentenpult und Katharina Schratt und Alexander Girardi waren die gefeierten Bühnenstars des Sommers. Wenn allerdings Franz Joseph als Zuschauer angesagt und der rote Teppich ausgerollt war, konnte auf der Bühne stehen, wer immer wollte – das Interesse galt alleine dem Kaiser und seinen Gästen.
Gerade in der zweiten großen Epoche der Operette kamen viele Komponisten nach Ischl: Emmerich Kálmán, Franz von Suppè,

Oscar Straus oder Robert Stolz. Der Komponist Anton von Webern leitete zeitweise das Kurorchester, nicht zu seiner Freude – es musizierte offenbar unter seinem Niveau. Librettisten feilten mit den Musikern an den Texten von Operetten. Franz Lehár hatte sich sogar ganz in Ischl angesiedelt. In seiner ehemaligen Villa ist heute das gleichnamige Museum untergebracht. Johannes Brahms war ebenso in Ischl wie Anton Bruckner, der seit 1863 an Kaisers Geburtstag die Orgel spielte und sogar, welch unerhörte Ehre, an die kaiserliche Tafel geladen war. Zu den politischen Gästen zählten etwa im Jahr 1865 der preußische König mit seinem gestrengen Kanzler Otto von Bismarck, der hier ein Techtelmechtel angefangen haben soll. Auch der englische König Eduard VII. war in Ischl zu Gast. Ebenso der König von Siam. Man kann sich denken, dass der Besuch aus dem fernen Asien die Tracht tragenden Einheimischen ebenso bestaunt hat wie umgekehrt.

* Dr. Eugenie Schwarzwald und die Frauenrechte *

Ihr Titel sei hier ausdrücklich hervorgehoben, denn Eugenie Nussbaum, wie sie mit Mädchennamen hieß, studierte in Zürich, der einst einzigen Universität Mitteleuropas, die Frauen zum Studium zuließ. Ihr akademischer Titel allerdings wurde in Österreich nie anerkannt. Wo käme man denn da hin …

Eugenie Schwarzwald fühlte sich zur Pädagogik hingezogen und gründete bald ihre erste Schule, in der sie, entgegen aller Zeitströmungen, auf Koedukation setzte, also auf die gemeinsame Erziehung von Mädchen und Buben. Sie stand in regem Gedankenaustausch mit Maria Montessori. Ihre Schule durfte sie nur provisorisch leiten, denn sie hatte ja kein Examen, was der Staat erforderte, aber Frauen nicht zuließ. Dennoch gelang es ihr, aus ihrer Schule ein Schulzentrum bis zum Gymnasium zu machen.

Zusammen mit ihrem Mann führte sie in Wien einen Salon, in dem viele bedeutende Künstler und Wissenschaftler verkehrten: Elias Canetti, Egon Friedell oder Robert Musil. Mit ihrer gewinnenden und überzeugenden Art gelang es ihr, einige der bedeutendsten von ihnen als Lehrer für ihre Schule zu gewinnen: Oskar Kokoschka, Adolf Loos, den später weltberühmten Soziologen Hans Kelsen oder Arnold Schönberg. Ab 1918 errichtete sie Erholungsheime für Jung und Alt auf dem Land, zum Beispiel auch in Bad Ischl.
Eugenie Schwarzwald war eine führende Frauenrechtlerin ihrer Zeit und hat mit ihrer hartnäckigen, praktischen Arbeit, die sie gegen alle Widerstände durchgesetzt hat, die Sache der Frauen bedeutend vorangebracht. Zu ihren bekanntesten Schülerinnen gehörten die Schriftstellerin Hilde Spiel, die Psychotherapeutin Anna Freud sowie der Philosoph Karl Popper.

* Franz Lehárs fragwürdige Rolle in der NS-Zeit *

Dass sich Franz Lehár in Bad Ischl eine Villa kaufte und dort viele seiner Operetten schrieb, ist allgemein bekannt. In aller Munde sein Ausspruch: „In Bad Ischl habe ich immer die besten Ideen.“ Da versteht es sich schon fast von selbst, dass Lehár Ehrenbürger der Stadt Bad Ischl ist. Weniger bekannt ist, dass Franz Lehár nichts unternahm, als sein jüdischer Librettist Fritz Löhner-Beda 1938 ins KZ Dachau verschleppt und viereinhalb Jahre später in Ausschwitz ermordet wurde. Löhner-Bedas Frau Helene und die zwei gemeinsamen Töchter wurden im Vernichtungslager Maly Trostinez ermordet. Angeblich wusste Lehár nichts von der Deportation seines Freundes, mit dem er unsterbliche Operetten-Klassiker wie *Das Land des Lächelns* schuf und der später Schlagertexte wie *Ich hab mein Herz in Heidelberg verloren* schrieb.

Die Kaiservilla steht in einem großen Landschaftspark nach englischem Vorbild. Erzherzogin Sophie erwarb sie als Hochzeitsgeschenk für Franz Joseph und Sisi. Sie ist auch heute noch in habsburgischem Privatbesitz und kann in einer Führung besichtigt werden. Wenn man Glück hat, wird man sogar von einem echten Habsburger durch die Räume geführt. Was neben der relativ kargen, ganz auf den Kaiser zugeschnittenen Möblierung ins Auge fällt, sind mehr als 2000 Jagdtrophäen, die die Wände zieren. Kaiser Franz Joseph war ein sehr pflichtbewusster Mensch, der sein Leben den Aufgaben als Monarch geweiht hatte. Als kleinen Ausgleich leistete er sich nur seine Leidenschaft, die Jagd. Mehr als 70000 Abschüsse sind für sein Leben verzeichnet. Vielleicht fühlte er sich in seinen abgetragenen Lederhosen und der derben Joppe den Menschen, seinen Untertanen, näher, weil der gewaltige Standesunterschied wenigstens für kurze Zeit nicht so zum Tragen kam.

In den sommerlichen Monaten in Bad Ischl leistete sich Franz Joseph allerdings noch eine zweite Leidenschaft, die den Namen Katharina Schratt trug, eine Burgschauspielerin und gefeierte Diseuse war. Über die Kaiserin selbst wurde die Bekanntschaft geschlossen. Denn Sisi war der Meinung, wenn sie schon den weitaus größten Teil ihrer Ehe auf Reisen war, sollte ihr Mann einen Ausgleich haben. Ob zwischen Kaiser und Diseuse eine Liebschaft bestand oder nur eine sehr tiefe Freundschaft – keiner weiß es. Fest steht, dass der Kaiser sich an den meisten Morgen zu einem Spaziergang aufmachte, um in der nahe gelegenen Villa Felicitas, in der sich Katharina Schratt einquartiert hatte, mit ihr zu frühstücken. Man munkelt, dass dies nicht zuletzt oder sogar vor allem wegen des Gugelhupfs war, den der Kaiser so gern aß und den die Schauspielerin (oder ihre Köchin?) so unvergleichlich zuzubereiten verstand. Was bei dem hohen Alter des Besuchers durchaus einleuchten könnte. Man sagt, Katharina Schratt habe auch

immer einen von „Zauner" gebackenen in Reserve gehalten, falls ihr Gugelhupf aus irgendeinem Grund missglückt aus dem Ofen gekommen wäre.
Oberhalb der in Schönbrunner Gelb gehaltenen Kaiservilla ließ Franz Joseph für seine Sisi einen Edelsitz im Tudorstil errichten. Es wird „Marmorschlössl" genannt, weil es ganz aus Untersberger Marmor besteht. In ihm finden regelmäßige Ausstellungen des Landes Oberösterreich statt.

Die Esplanade von Bad Ischl ist auch heute noch der Treffpunkt von Einheimischen und Gästen. Man flaniert, begrüßt sich auf ein Schwätzchen, kehrt vielleicht auch in der Dependance des Café Zauner ein, auf ein Eis, einen Apero oder zu Kaffee und Mehlspeis. Unter all den süßen Verführungen findet sich natürlich auch des Kaisers Lieblingskuchen: der Kaisergugelhupf.

Nur ein paar Schritte entfernt zeigen sich die Blumenrabatten des kleinen Kurparks. Ein moderner hölzerner Musikpavillon dient den Kurkonzerten während der Saison, über deren Musik die Büsten zweier Altmeister der Operette wachen, Franz Lehár und Emmerich Kálmán. Im Kongress- und Theaterhaus findet alljährlich das Lehár-Festival statt.

Nahe am Kurpark beginnt das Ischler Villenviertel, das zu durchstreifen sich lohnt, weil hier viele alte und wunderschöne Landhäuser und Villen stehen – aus einer Zeit, als man noch repräsentativ in der Nähe des Kaisers wohnen wollte.

Auch im Zentrum des kleinen Städtchens liegt der Bahnhof. Von hier aus kommt man, in der Regel im Stundentakt, zu den meisten Orten und Seen des Salzkammergutes.

* Liebelei in Bad Ischl *

Nicht nur Kaiser Franz Joseph hat sich hier in seine spätere Ehefrau verliebt. In Bad Ischl kann man jeden Frühling aufs Neue das gleiche Spektakel beobachten: Wenn sich nach einem langen Winter wieder zaghaft die ersten Knospen entfalten, wird das Städtchen ganz abrupt aus seinem alten Kaiserschlaf gerissen. Überall tummeln sich dann die vielen jungen Menschen, denn Bad Ischl ist heute unter anderem auch eine Stadt mit einigen weiterbildenden Schulen. Im Früh-Frühling, bevor die Touristenmassen einfallen, gehört sie noch ein kleines Weilchen den Einheimischen und Schülern. An diesen ersten sonnigen Tagen im Jahr nehmen sie sich gerne die Zeit und flanieren auf der Esplanade, wie es die Menschen schon vor über hundert Jahren getan haben. Und nicht nur die jungen Leute bevölkern die Cafés, schauen sich, etwas schüchtern noch, zum ersten Mal in die Augen, halten Händchen, küssen sich. Sie sehen anders aus als früher, nicht mehr so elegant, so farbenprächtig schillernd. Aber das Gefühl ist dasselbe geblieben. Die erste große Liebe trifft jeden mit einer solchen Wucht, dass man Mühe hat, gerade stehen zu bleiben. Das war immer schon so. Und ganz egal in welchem Jahrhundert. Es heißt, manche stehen dann sogar Kopf oder verlieren diesen. Ziemlich sicher ist es nicht damit zu vergleichen, was die junge Elisabeth aus Bayern im Jahre 1853 erlebte.

Es war aber auch Hochsommer und nicht Frühling, als die 15-jährige Prinzessin zum 23. Geburtstag des Kaisers geladen war. Unerwarteterweise hatte sich Franz Joseph nicht in ihre ältere, den Quellen nach gescheitere und schönere Schwester Helene verliebt, sondern in sie, das „hässliche Entlein" der Familie. Aber das ist eine andere Geschichte. Es war Liebe auf den ersten Blick, wird in den Büchern stets erzählt. Franz hatte seine Sisi beim Geburtstagsball zum Kotillon aufgefordert. Alle haben es gleich gewusst: Jetzt tanzt der Kaiser mit der zukünftigen

Kaiserin! Alle haben es gewusst, nur Sisi nicht. Sie war nicht darauf gefasst, dass sich alles um sie drehen sollte. Niemand war darauf gefasst und niemand hatte sie darauf vorbereitet. Aber am nächsten Tag erfuhr sie es dann auch. Erst von ihrer Mutter und dann vom Kaiser höchstpersönlich. Ja, und da soll es Sisi dann auch mit voller Wucht erwischt haben. Und so wurde am gleichen Tag auch schon die Verlobung in der Pfarrkirche von Bad Ischl gefeiert.

Wenn sich auch heute kein Kaiser mehr in Bad Ischl findet – manch einer ist schon mit einem Kurschatten nach Hause gereist. Denn Bad Ischl ist auch eine Stadt für Erholungssuchende, für Wellness und Kuren in allen Variationen. Aber auch die extrem Sportlichen kommen nicht zu kurz. Die vielen Spazierwege hat Sisi, als sie später Kaiserin war, schon alle begangen und getestet. Sie wird ja gerne als Vorreiterin für den heutigen Fitness- und Schönheitstrend bezeichnet. Elisabeth war oft stundenlang und ohne Pause zu machen mit einem ganzen Trupp von Hofdamen im Lauftempo „spazieren". Heute würde man wahrscheinlich den Begriff „Walken" für dieses äußerst schnelle Gehen verwenden. Sie soll ja niemals die Geschwindigkeit von 10 km/h unterschritten haben, heißt es. Da haben die Ischler etwas zum Schauen gehabt, wenn die elegante Frauenschar in bodenlangen Kleidern, geschnürter Taille, mit Sonnenschirmchen und Fächern bewaffnet, in einem Affentempo durch die Gegend gerast ist – Sportkleidung gab es ja auch noch nicht. Die Hofdamen hatten aber noch ein anderes Problem: Sie waren nicht so durchtrainiert wie die Kaiserin, weshalb sie des Öfteren bei dem langen „Spazierenrennen" einfach zusammengebrochen sind und schlapp gemacht haben. Deswegen wurde ab und an, nach einigen Stunden Spazierenrennens (wie gesagt, ohne Pause), eine Kutsche voll mit frisch ausgeruhten

Hofdamen „geliefert“. Die alten, erschöpften durften nach Hause und mit den neuen ging es flott für weitere zwei Stunden durch die wunderschönen Wiesen und Wälder rund um Bad Ischl. Ein bisschen verrückt war die Kaiserin auch manchmal, wenn sie in Bad Ischl war. Zum Beispiel hat sie sich auf dem Berg gleich hinter der Kaiservilla, dem Jainzen, nackt gesonnt. Es hat sie zwar niemand dabei gesehen, aber trotzdem war es ein Skandal. Je älter Elisabeth wurde, scheint es, desto weniger kümmerte sie sich um Sitte und Anstand. Vielleicht besorgte die Kaiserin später deswegen dem Kaiser eine Freundin, damit sich jemand um ihn kümmern konnte, wenn sie selber auf Reisen und nicht da war. Dann konnte sie nämlich unbehelligt ihren nicht ganz standesgemäßen Hobbys nachgehen. Seine langjährige, bereits erwähnte Freundin, Katharina Schratt, kümmerte sich währenddessen rührend um den kaiserlichen Gatten. Wenn Franz Joseph in Bad Ischl war, besuchte er seine Freundin fast täglich. Sie müssen sich gut verstanden haben, denn sie konnten sich stundenlang unterhalten und sie sollen gar keine Geheimnisse voreinander gehabt haben. Nur was den selbstgebackenen Gugelhupf angeht, hat Katharina Schratt ein bisschen geflunkert. Statt ihn jeden Morgen frisch und selbst zu backen, hat sich die Dame besagten Gugelhupf doch lieber aus dem Café Zauner liefern lassen. Was der Kaiser wohl zur Karamell-Salz-Praline, der neuesten Kreation des ehemaligen k. u. k. Hoflieferanten, gesagt hätte? Recht aufgeschlossen für Neues soll er ja nicht gewesen sein. Aber je älter man wird, desto schwieriger ist es auch, sich an Neues zu gewöhnen. Angeblich musste man ihn, ein paar Tage vor seinem 78. Geburtstag, zu seiner ersten Automobilfahrt erst überreden: Im August 1908 kam Edward VII., damals König des Vereinigten Königreichs, auf Besuch nach Bad Ischl. Außerdem war er noch König der Dominions und Kaiser von Indien. Ein so hoher Gast in Bad Ischl! Da muss man schon das Beste und Modernste bieten. Da kann man nicht einfach

„nein“ sagen, erst recht nicht, wenn man sein Land repräsentieren muss. Also hat der alte Kaiser dieser Autofahrt murrend zugestimmt. Es soll ihm aber gar nicht recht gefallen haben, erzählen die Leute: „G’stunken hat’s und g’sehn hat man nix!“, soll er auf die Frage, wie es ihm gefallen hat, geantwortet haben. Aber später fand er dann doch heraus, dass eine Reise mit dem Auto bequemer ist und schneller geht als mit der Kutsche. Aber dem Fahrradfahren konnte er wirklich nichts abgewinnen. Er bezeichnete diese neumodische Erfindung als „wahre Epidemie“. Dabei war er nicht unsportlich, der alte Kaiser. In der Zeitung stand einmal zu lesen: „Seine Majestät bestieg gestern in bester Verfassung die Hohe Schratt.“ Gemeint war ein Jagdausflug des Kaisers auf die Hohe Schrott. Ein brisanter Druckfehler. Aber ob es wirklich ein Druckfehler war? Ganz sicher kann man sich da nicht sein.

Heute präsentiert sich Bad Ischl nach wie vor sehr gerne von seiner kaiserlichen Seite. Trotzdem, sagen die Touristiker, ist Bad Ischl heute ein Urlaubsort für Alt und Jung zugleich. In vielen Bereichen mögen die Gäste unterschiedliche Ansichten oder körperliche Voraussetzungen haben, doch in die Therme gehen alle gerne: zum Entspannen, Vergnügen oder auch, um sich verwöhnen zu lassen. Gerade im Salzkammergut setzt man dabei auch auf die „wohltuende Kraft von Salz und Sole“. Wer dann seinen Traumprinzen oder seine Traumprinzessin noch immer nicht gefunden hat, kann sich immerhin mit einer Salzprinz- oder Sisi-Massage trösten. Oder sich in einem der vielen gemütlichen Kaffeehäuser mit einem wunderbar schmeckenden Gugelhupf oder einer Salz-Karamell-Praline ein bisschen Gold auf die Hüften oder ins Bäuchlein futtern. Immerhin steht dann nichts mehr im Wege, das hoffnungsvolle Spiel von Neuem zu beginnen!

Ausflugstipps 

Kaiservilla
Jainzen 38, A-4820 Bad Ischl
+43 6132 23241, office@kaiservilla.at, www.kaiservilla.at

Eine Besichtigung der Räumlichkeiten ist nur mit Führung möglich. Umgeben wird der Komplex vom weitläufigen Kaiserpark mit dem Marmorschlössl.

Museum der Stadt Bad Ischl
Esplanade 10, A-4820 Bad Ischl
+43 6132 25476, info@stadtmuseum.at
www.stadtmuseum.at

Das Städtische Museum ist im ehemaligen Seeauerhaus – dem Erbhaus der Salzfertigerfamilie Seeauer – untergebracht, in dem sich der Kaiser mit Elisabeth von Bayern verlobte.

Hallstatt

Ein Ort mit knapp 800 Einwohnern, der, seit 2006 die südkoreanische Netflix-Serie *Spring Waltz* hier gedreht wurde, von täglich mehr als 10 000 Neugierigen aus aller Welt besucht wird. Ein Ort von bizarrer Schönheit, „hingeklebt" an eine steile Bergwand, die schroff in den gleichnamigen See abfällt: Das ist Hallstatt zu Füßen des Dachsteingebirges. Spaziert man entlang der unteren Straße, kann man die Häuser durch den vermeintlich ebenerdigen Eingang betreten. Die nächste Straße, höher gelegen, hat die Hauseingänge auf der Bergseite ebenfalls im vermeintlichen Parterre, während die seeseitigen Häuser über den Dachboden oder zweiten Stock betreten werden können. Früher, als die Straße so noch nicht existierte, ließen sich die Häuser am Ufer nur mit dem Boot erreichen, oder man benützte den sogenannten „oberen Weg", der über die Dachböden von Haus zu Haus führte. Viele Gebäude stehen unter Denkmalschutz, 1997 wurde Hallstatt von der UNESCO zum Weltkulturerbe ernannt.

Aber auch Enge überall: Die Natur lässt nicht viel Raum für die Menschen. Nicht einmal für die Toten. Im Friedhof an der spätgotischen Hallenkirche werden seit Jahrhunderten die Gräber, falls man Platz benötigte, geöffnet und für neue Tote hergerichtet. Für längeres Gedenken gibt der Gottesacker keinen Raum. Die starken Bein- und Armknochen, die dem Zerfall standgehalten haben, wurden gesäubert und im Beinhaus aufgestapelt. Dazu sind mehr als 600 Totenschädel, zum großen Teil verziert und mit Namen oder mindestens Initialen versehen, über die Gebeine im Karner der Michaelskapelle geschichtet. Ein tröstlicher Anblick: Hier liegen nicht nur die Angehörigen früherer Generationen, sondern auch Freunde und Nachbarn. Eine ganze Dorfgemeinschaft, die sich über viele Jahrzehnte gebildet hat, ist vereint und aller Hader und aller Streit sind vergessen. Nicht nur eindrucksvoll, sondern auch zum Nachdenken und Gedenken anregend.

Warum haben sich in dieser unwirtlichen und, man könnte fast sagen, lebensfeindlichen Umwelt schon im Neolithikum, also in der Zeit vom Übergang der Jäger und Sammler zu sesshaften Gruppen, Menschen angesiedelt, wie ein Fund aus einer Zeit vor 7 000 Jahren beweist? Warum hat man eine der ersten Eisenschmieden Mitteleuropas gerade hier ausgegraben? Es muss das Salz gewesen sein, dem die Menschen mit primitivsten Mitteln bis 350 Meter tief in die Erde folgten. So erfolgreich, dass in diese Umwelt der Reichtum einzog: Bernstein von der Ostsee, griechische Keramik, etruskische Bronzegefäße – der Salzhandel reichte bis in den Mittelmeerraum. Die Salzherren wurden durch das „weiße Gold" so mächtig, dass sie eine ganze Epoche prägten: Hallstattzeit nennt man sie und sie dauerte etwa von 800 bis 400 vor unserer Zeitrechnung.

Vom Ort aus kann man entweder mit der Salzbergbahn fahren oder ganz einfach einen Spaziergang weiter den Berg hinauf unternehmen. Dann gelangt man zu den heute als Schaubergwerk geführten Stollen, die mit einer Führung besichtigt werden können. Auf dem Weg zurück lohnt es sich, das Feld der archäologischen Ausgrabung zu besuchen, in dem über 1 000 Gräber freigelegt wurden. Das Museum in Hallstatt beherbergt viele der Funde, die hier gemacht wurden. Es lohnt auch ein Ausflug zum Rudolfsturm, 1284 zur Verteidigung gebaut, später Wohnung des Bergmeisters und heute Gaststätte mit fantastischer Aussicht.

Ausflugstipps

Tourismusbüro Hallstatt
Seestraße 114, A-4830 Hallstatt
+43 595095-30, hallstatt@dachstein-salzkammergut.at

Im Tourismusbüro kann man iPods für die Audio-Führung durch den Ort leihen.

Salzwelten Hallstatt
Salzbergstraße 21, A-4830 Hallstatt
+43 6132 200 2400, info@salzwelten.at, www.salzwelten.at

Der Besuch des Salzbergwerks lässt sich ideal kombinieren mit einem Besuch der Aussichtsplattform „Skywalk" (Welterbeblick), die Aussicht ist spektakulär: auf Hallstatt, den zugehörigen See, Obertraun und das Panorama des Dachsteingebirges.

Welterbemuseum Hallstatt
Seestraße 56, A-4830 Hallstatt
+43 6134 8280, kontakt@museum-hallstatt.at
www.museum-hallstatt.at

Das Museum erlaubt eine spannende Zeitreise von der Steinzeit bis in die Gegenwart.

Maler-Literaten-Naturwunderweg
Der Themenweg zeigt Reproduktionen bekannter Biedermeier-Maler wie Ferdinand Georg Waldmüller oder Rudolf von Alt – und gibt literarische Hinweise zu Adalbert Stifters *Bergkristall*; der Roman fußt auf Inspirationen in der Region.

Der Rundweg startet am Parkplatz beim Beginn der Forststraße im Ortsteil Echerntal in Hallstatt.

Die Langvariante (ca. drei Stunden) führt zum Schleierfall, über den Gangsteig vorbei an einem Wasserfall, weiter zum Waldbachursprung und dann wieder zurück über die Forststraße und vorbei an den Gletschermühlen zum Parkplatz.

Die Kurzvariante (ca. eine Stunde) verzichtet auf den Gangsteig, Wasserfall und Waldbachursprung.

Das Ausseerland

Wiewohl ein wesentlicher Teil des Salzkammergutes, gehört das Ausseerland zur Steiermark und führt in manchen Dingen ein von einer in sich geschlossenen Sozialstruktur geprägtes Eigenleben. Was sich vor allem in einem gewachsenen und gepflegten Brauchtum zeigt: Man denke an die Krampus-Umzüge und Nikolo-Spiele im Winter, die Faschingsumzüge mit ihren traditionellen Kostümen und das Narzissenfest Ende Mai, wenn die ganze Region von weißblühenden Narzissen bedeckt ist und diese viele tausend Besucher anlocken. Dirndl, Lederhose und Hut gehören für viele Einheimische zum täglichen Gewand, das man sich in den einheimischen Handwerksbetrieben besorgt. Die Volksmusik wird besonders gepflegt, was man in vielen Gaststätten der Region selbst erleben kann. Das Paschen, ein kompliziertes rhythmisches Gruppenklatschen, sollte man auf jeden Fall einmal gehört haben. Die hier geborene Schriftstellerin Barbara Frischmuth hat in ihrem Roman *Die Mystifikationen der Sophie Silber* (1976) viele Sagen und Bräuche ihrer Heimat beschrieben.

Um die Mitte des 19. Jahrhundert begann sich Aussee zur Sommerfrische und zum Kurort zu mausern. Hugo von Hofmannsthal fasste in *Das Dorf im Gebirge* (1896) einst zusammen, was in vielen anderen Orten des Salzkammergutes genauso galt: „Im Juni sind die Leute aus der Stadt gekommen und wohnen in allen großen Stuben. Die Bauern und ihre Weiber schlafen in den Dachkammern, die voll alten Pferdegeschirrs hängen …"
Die Salzproduktion wurde aus dem Ort verbannt, ab 1911 durfte man sich mit dem Zusatz „Bad" schmücken. Als die Salzkammergutbahn 1877 Aussee erreichte, kamen viele Aristokraten und Künstler, manche siedelten sich auch auf Dauer hier an. Die Sommerfrische im Ausseerland hat viele heute

Blick über den Altausseer See.

typische Landhäuser hervorgebracht: aus Holz gefertigt und mit einem großen Wintergarten versehen.

Salz wird am Sandling, dem Salzberg von Altaussee, seit dem 12. Jahrhundert abgebaut, seit dem 14. Jahrhundert in Markt-, heute Bad Aussee versotten und seit dem 16. Jahrhundert über die Pipeline nach Ebensee am Traunsee geleitet, wo das Salz des gesamten Salzkammergutes, also auch von Hallstatt und Bad Ischl, in der Saline verarbeitet wird. Mehr als zwei Millionen Liter im Jahr. Auch das „Bad Ischler Natursalz" kommt aus dem Altausseer Bergwerk und wird dort noch bergmännisch abgebaut. Auf der „Via Salis", die im Kurpark von Bad Aussee beginnt, wandert man von Stolleneingang zu Stolleneingang und erfährt eine Menge über das Salz und seinen historischen Abbau.

Auf dem Weg liegt auch das Besucherbergwerk von Altaussee. Wenn man sich genügend Zeit nimmt, kann man an einer interessanten Führung teilnehmen: Auf einer Rutsche bergab kommt man in 250 Metern Tiefe an einen Salzsee, an dessen Ufer eine Bühne samt Tribüne für 400 Zuschauer errichtet ist. Auf ihr ist schon der Altausseer Klaus Maria Brandauer aufgetreten und Felix Mitterer hat ein eigenes Theaterstück für sie geschrieben. Der Weg durch die unterirdischen Stollen mit ihren rosaglitzernden Salzwänden führt zur Barbara-Kapelle, die ganz aus Salzblöcken gebaut ist. In den Gängen tief im Berg kann man die Ausstellung *Das Glück der Kunst* auf sich wirken lassen und Reproduktionen der Bilder von Raffael und anderen großen Meistern, etwa auch den Genter Altar, bewundern: Die Nationalsozialisten hatten seit 1943 europäische Kunstwerke von höchstem künstlerischem Rang gestohlen und hier eingelagert, um sie nicht den Alliierten in die Hände fallen zu lassen, sondern sie zu zerstören. Mutige Knappen des Bergwerks konnten die Sprengung gerade noch rechtzeitig verhindern.

Die Ausstellung erinnert daran, was hier noch vor nicht allzu langer Zeit versteckt worden war und bei Vernichtung für unsere Kultur einen unersetzlichen Verlust bedeutet hätte.

Ein paar Kilometer weiter, in Gößl, am Ende des Grundlsees, spaziert man in einer halben Stunde zum Toplitzsee, der seinen Bekanntheitsgrad ebenfalls aus der Nazi-Zeit herleitet. Denn man vermutete am Grund des Sees den geraubten Goldschatz des NS-Regimes, wurde aber auch mit den neuesten Methoden der Technik nicht fündig. Das relativ abgelegene Gebiet war ein Refugium und Fluchtort für viele Nazi-Größen. Der See ist mehr als 100 Meter tief, zwei Drittel davon bestehen aus Salzwasser, nur die oberste Schicht ist Süßwasser.
Vom kleinen Toplitzsee kann man weiter zum noch kleineren Kammersee spazieren. Dort sieht man ein Gerinnsel als Wasserfall über die Felsen fließen, das als ein Ursprungsquell der Traun bezeichnet wird. Außerdem kann man auf einem Stein lesen, dass hier das erste Zusammentreffen des Erzherzogs Johann mit seiner späteren Frau, der Postmeisterstochter Anna Plochl, stattgefunden habe. Was nicht stimmt.

Um diese Geschichte aufzudröseln, müssen wir zurück nach Bad Aussee. Dort, am Ufer der Grundlseer Traun, finden wir den Meranplatz, an dem die biedermeierliche Fassade des Meranhauses glänzt. Hier ist Anna Plochl geboren und gestorben, die erst lange nach ihrer Heirat mit dem Erzherzog sozusagen gnadenhalber zur Gräfin von Meran erhoben wurde. Erzherzog Johann führte in seiner Steiermark Anfang des 19. Jahrhunderts eine ganze Reihe wichtiger Reformen durch, die das Land zukunftsfähig gemacht haben und bezahlte sie aus eigener Tasche. Gegenüber des Meranhauses steht die frühgotische Spitalkirche, einst die Kirche des Spitals der Salinenarbeiter. Die mittelalterliche Saline selbst und ihre Nebengebäude wurden abgerissen und vom Kurpark ersetzt, in dessen Mitte ein Denkmal für den unvergessenen Erzherzog steht. Im Kurpark auch besagt die Aufschrift auf einem Stein, dass man sich hier im Mittelpunkt Österreichs befinde. Neuere Messungen besagen, dass dieser Mittelpunkt eher in Ebensee zu finden sei.

Am Chlumeckyplatz, wie der Marktplatz nach einem österreichischen Minister des 19. Jahrhundert heißt, steht der Kammerhof. In ihm war bis 1926 das Salzamt des Ausseerlandes untergebracht. Mit seiner spätgotischen Fassade zeigt er eine seiner ehemaligen Bedeutung angemessene Würde. Heute ist im Kammerhof das sehenswerte Regionalmuseum untergebracht.

Kurz unterhalb des Kurortes fließen die drei Quellflüsse der Traun zusammen, um gemeinsam den Weg zur Donau zurückzulegen. Man kann sich kaum vorstellen, dass hier jedes Jahr ab dem Josefitag (19. März), dem Beginn der Flößersaison, jeden Tag schier unzählige Stämme, jeder etwa ein Meter lang, auf den Traunarmen schwammen, um von hier aus gemeinsam ihrem Ziel, der Saline von Ebensee, entgegenzutreiben; begleitet von Holzknechten, die mit ihrem Sappie Schwerarbeit verrichten mussten, wenn sich Stämme am Ufer verhakt hatten.

Die Seen, die Berge, eine Landschaft von reizvoller Schönheit, der Ruf des Erzherzogs und seiner bürgerlichen Frau, das kaiserliche Kammergut – all das hat zusammengeholfen, dass die Gegend auch vielfach von Künstlern und Wissenschaftlern heimgesucht wurde, die kreative Sommerfrischen hier verlebt haben: Theodor Herzl, der Begründer des Zionismus etwa oder der Vater der Psychoanalyse Sigmund Freud. Manche haben sich auch dauerhaft hier niedergelassen.

Zum Ruf des Ausseerlandes beigetragen hat sicher auch Eugenie Schwarzwald, die in der „Villa Seeblick“ am Grundlsee ab 1920 ein „Erholungsheim für geistige Arbeiter“ einrichtete. Viele später berühmte Schriftsteller waren hier zu Gast. Carl Zuckmayer und Egon Friedell allerdings blieben immer nur kurze Zeit, denn das Haus war puritanisch geführt – es gab keinen Alkohol. In einem Brief äußerte sich Friedell sehr süffisant: „Die milde Temperatur des Schwimmwassers, das in geräumigen Wannen (sich) befindet, wirkt überaus stärkend. Das Heim ist mit modernstem Komfort ausgestattet. Es befindet sich hier ein erstklassiges Dominospiel. Ebenso bietet das Waten im Tennisplatz eine beliebte Belustigung.“ Friedell spielt hier auf das ewige Nieselwetter an.

Im amerikanischen Exil des sonnenreichen Kalifornien erinnert sich Friedrich Torberg in dem Gedicht *Sehnsucht nach Alt-Aussee* wehmütig:

Wieder ist es Sommer worden,
dritter, vierter Sommer schon.
Ist es Süden, ist es Norden,
wo ich von der Heimat wohn?

Ach wo hat's mich hingetrieben,
Pötschen weiß ich und Plateau.
Aber welcher Hang ist drüben?
Aber die Zyklamen – wo?

Ausflugstipps

Kammerhofmuseum Bad Aussee
Chlumeckyplatz 1, A-8990 Bad Aussee
+43 676 83622520, info@kammerhofmuseum.at
www.kammerhofmuseum.at

Das Museum ist im Kammerhof, einem Bau aus dem 14. Jahrhundert, untergebracht. Es widmet sich der reichen Geschichte und Volkskultur des Ausseerlandes.

Salzwelten Altaussee
Lichtersberg 25, A-8992 Altaussee
+43 6132 200 2400, www.salzwelten.at, info@salzwelten.at

Die Salzwelten in Altaussee lassen sich nur mit dem Auto, Taxi oder zu Fuß erreichen – sie befinden sich knapp drei Kilometer oberhalb von Altaussee.

Via Artis-Themenwege
Die drei Wege nehmen ihren Ausgang in Altaussee, Bad Aussee und Grundlsee – und erinnern heute noch an sommerfrischelnde Künstler.

Via Artis Altaussee
Start: Literaturmuseum in Altaussee
↔ ca. 4,3 Kilometer ◷ ca. 2 Stunden
Schwerpunkte: Friedrich Torberg, Johannes Brahms, Jacob Wassermann u. a.

Via Artis Bad Aussee
Start: Kurpark in Bad Aussee
↔ ca. 10,2 Kilometer ca. 3,5 Stunden
Schwerpunkte: Gustav Mahler, Nikolaus Lenau, Hugo von Hofmannsthal u. a.

Via Artis Grundlsee
Start: Seeklause, wo die Traun den Grundlsee verlässt
↔ ca. 11 Kilometer ca. 3 Stunden bis Gößl (von hier Rückfahrt mit dem Schiff möglich)
Schwerpunkte: Sigmund Freud, Eugenie Schwarzwald, Herbert von Karajan u. a.

Es empfiehlt sich, auf diesen Wanderungen etwas zum Trinken und eine Jause mitzunehmen. Gutes Schuhwerk ist selbstverständlich – und ein T-Shirt zum Wechseln erweist gute Dienste, denn es sind ein paar kurze, aber schweißtreibende Anstiege zu bewältigen

3-Seen-Tour vom Grundlsee über Gößl zum Toplitzsee
www.schifffahrt-grundlsee.at
Auf dem Grundlsee geht es mit dem Schiff bis Gößl, hierauf folgt ein kurzer Spazierweg zum Toplitzsee. Mit der Plätte geht es dann noch zum Kammersee und schließlich wieder zurück – ein Halbtagesausflug in eine wilde Natur!

Das Salz der Fürsterzbischöfe

Nomen est omen. Dementsprechend ist es wenig verwunderlich, dass Salz über lange Zeit die wichtigste Einnahmequelle für die Stadt Salzburg darstellte – das „weiße Gold" garantierte jahrhundertelangen Wohlstand. Wesentliche Grundlagen für die Erfolgsgeschichte bildeten vor allem die Salzach als zentraler Transportweg sowie die reichen Salzlagerstätten des Dürrnbergs oberhalb Halleins.

Salzburg

Was soll man noch schreiben über eine Stadt, die zu den schönsten der Welt zählt, die unzählige Male bereits beschrieben, mit Worten gefeiert wurde, deren Name Emotionen hervorruft, die vom schlichten „wunderbar" bis zu ekstatischem Entzücken reichen? Wesentlich für die Entstehung des modernen Stadtbildes waren einst die Einnahmen aus dem Salzhandel, welche dann auch den Fürsterzbischöfen die Umsetzung entsprechender Bauvorhaben ermöglichten. Da wären etwa Schloss Mirabell mit seinem verspielten Rokokogarten oder das barocke Fest des Domes, dessen Patrone Rupert und Virgil bis in die Zeit der Gründung des Bistums zurückweisen – mit seinem Vorplatz, alljährlich gefeierte Bühne für den *Jedermann* von Hugo von Hofmannsthal, dem opulenten Mysterienspiel um den Tod des reichen Mannes. Und natürlich Schloss Hellbrunn, das nicht zu Unrecht „Lustschloss" genannt wird, das sich der Fürsterzbischof Markus Sittikus von 1612 bis 1615 zu seiner Lust, zu seinem Vergnügen und zur lachenden Freude seiner vielen Besucher heute hat erbauen lassen. In dessen Garten das Wasser die entscheidende Rolle spielt: Wasserautomaten gibt es hier,

Statue des Hl. Rupert (mit Darstellung des Salzfasses) vor dem Dom in Salzburg.

also wasserbetriebene, sich bewegende Figuren, die sinnreich den Stand der damaligen Technik widerspiegeln, dazu mystische Grotten und heimtückische Spritzbrunnen, die einen Wasserstrahl ausspeien, wenn man es gerade nicht erwartet und der tropfnasse, aber glücklich lachende Gäste zurücklässt. Im Schloss selbst ist die zugehörige Ausstellung aufgebaut: „Schaulust. Die unerwartete Welt des Markus Sittikus." In ihr bekommt man auch tiefere Einblicke in das, was einen im Garten draußen nass gemacht hat. Im Monatsschlössl, nur ein paar Minuten durch den Park, kann man zudem das beeindruckende Volkskundemuseum durchstreifen. Markus Sittikus war es auch, der einen guten Teil dazu beigetragen hat, Salzburg zu einer Metropole der Kunst zu machen. Denn er konnte sein Augenmerk ganz auf den Ausbau seiner Residenzstadt richten, weil er sich mit einem nicht ganz freiwillig geschlossenen Vertrag mit Baiern zwar geringere, aber feste Einnahmen vom Salz sicherte. Er musste nur mehr dafür sorgen, dass die Sole fließt, während Transport und Verkauf von Baiern übernommen wurde.

Die Geschichte des Salzes in der Stadt Salzburg lässt sich aber noch viel weiter zurück verfolgen, noch ehe die Fürsterzbischöfe die Bühne betraten. Werfen wir dazu einen Blick auf das Kloster St. Peter und den Nonnberg, wo die Benediktinerinnen schon seit Anfang des 8. Jahrhunderts „beten und arbeiten": Hier kann man die frühesten Anfänge von Salzburg, der Salzstadt, verorten – einer Siedlung, die mit dem Abzug der Römer Ende des 5. Jahrhunderts ziemlich herunterkam. 200 Jahre später ließ sich der nachmalige Heilige Rupert in „Iuvavum" nieder. Er war ein fränkischer Hochadeliger und wohl eng mit den Merowingern verwandt. Nicht zuletzt deshalb sorgte der bairische Agilolfinger-Herzog Theodo mit reichen Schenkungen dafür, dass das Bistum nicht nur überlebensfähig, sondern auch in der Lage war, einen zentralen Platz in der Verwaltungshierarchie des alten Baiern einzunehmen: Rupert erhielt 20 Sudpfannen, also die Erträge aus dem hier gewonnenen Salz, dazu ein Drittel des Reichenhaller Salzbrunnens. Die Legende erzählt sogar, der Heilige habe die Reichenhaller Solequelle selbst mit seinem Stab aus dem Felsen geschlagen. Der Bischof wurde zugleich Abt des Klosters St. Peter, das schon länger bestand. Mit dem salzigen Geschenk begann der Reichtum des Salzburger Erzbistums und zugleich der fast 1 000 Jahre dauernde Kampf um Geld, Macht und Einfluss, der direkt vom Salz abhing und davon, wie sehr die einzelnen Bischöfe selbst an weltlichen Gütern hingen. Die Namen Salzburg, Salzach und Saalach, im 12. Jahrhundert aufgekommen, zeugen davon. Natürlich spielte es auch eine große Rolle, wie die drei Grundsäulen Salz, Wasser und Energie verteilt waren, sprich welche Anteile und Rechte der jeweilige Akteur an diesem Spiel um Geld und Macht hatte.

Ausflugstipps

DomQuartier Salzburg
Residenzplatz 1, A-5020 Salzburg
+43 662 8042 2109, office@domquartier.at
www.domquartier.at

Die fürsterzbischöfliche Macht und der vor allem im Salz begründbare Reichtum spiegeln sich auch in dem prunkvollen Gebäudekomplex und eindrucksvollen Ausstellungsräumlichkeiten wider.

Spazieren an der Salzach

In der Stadt Salzburg laden die Ufer der Salzach zu gemütlichen Flusswanderungen ein. Ein guter Startpunkt für einen sehr überschaubaren Rundweg wäre zum Beispiel der rechte Brückenkopf des Marko-Feingold-Stegs (früher Makartsteg) auf dem Elisabethkai. Man spaziert hierauf entlang der Uferpromenade flussabwärts. Auf der Höhe des Zwerglgartens schwenkt man links auf den Müllner Steg ein. Auf der anderen Seite angelangt, biegt man nun links in den Franz-Josef-Kai ein, der einst im Zuge der Flussregulierung auf „Neuland" entstanden ist. Die Festung Hohensalzburg, hoch über der Stadt thronend, stets im Blick, lässt es sich auf diese Weise zurück zum Marko-Feingold-Steg spazieren. Nach der Überquerung ist man auch schon wieder am Ausgangspunkt der kurzen Tour angelangt.

Hallein und sein einst „salziges" Verhältnis zu Reichenhall

Ursprünglich ruhte die Salzgewinnung auf zwei Säulen: Da war einmal das Steinsalz, das in der Tiefe der Berge abgebaut wurde, so, wie wir es von Hallstatt und Altaussee kennengelernt haben und es schon, Funde beweisen es nachdrücklich, vor mehr als 5 000 Jahren praktiziert wurde. Auf der anderen Seite gab es die Salzquellen, mit Salz angereichertes Süßwasser, das in mehr oder minder starken Quellschüttungen zutage trat. Die Nutzungsgeschichte dieser natürlichen Solequellen ist sicher weit älter als der Bergbau. Um Salz aus diesen Solequellen oder aus dem Meerwasser zu gewinnen, bedarf es Energie, entweder als wärmende Kraft der Sonne oder in Form von Feuer, das das Wasser, in dem das Salz gelöst ist, zum Verdunsten bringt.
Im 11. Jahrhundert wurde zusätzlich das Laugverfahren entwickelt. Mit ihm konnte neben dem mühevoll bergmännisch gewonnenen Kernsalz auch das verunreinigte und nicht in hoher Konzentration vorhandene Salz im sogenannten Haselgebirge genutzt werden. Es wurde mit Wasser herausgelöst und mit Pumpen oder Schöpfrädern an die Oberfläche gebracht. Wobei sich ein weiteres, großes Problem auftat. Sole stand nun in sehr großen Mengen zur Verfügung. Nur – sie musste vom Wasser befreit werden. Dazu war äußerst viel Energie zum Versieden notwendig, Energie, die nur in Form von Holz zur Verfügung stand.
Ohne Holz kein Salz, hieß es bald, wie wir bereits erfahren haben. Um die erforderlichen, riesigen Mengen auch über größere Entfernung herbeischaffen zu können, war der Transport der Stämme auf einem Fluss die einzige gangbare Möglichkeit. Die großen Pfannen, in denen die Sole zu Salz versotten wurde, mussten also am Ufer eines triftfähigen Flusses liegen.
Dies war auch noch aus einem anderen Grund notwendig: Die in salzarme Gebiete zu liefernden Salzmengen waren so groß, dass

man, wenn immer es anging, den Transportweg zu Wasser wählte. Nur auf Schiffen konnten im Mittelalter und bis ins 19. Jahrhundert große und schwere Lasten transportiert werden. Der Weg nach Norden, zur Donau und damit in weite Teile des Habsburgerreiches, aber auch zur oberen Donau, nach Regensburg etwa, war über Saalach, Salzach und Inn sowohl für die Saline Hallein als auch für das Reichenhaller Salz vorgegeben. Nur: Die Durchfahrtsrechte auf diesen Flüssen lagen einmal beim Salzburger Fürstbischof, weiter den Inn hinunter beim Herzog von Baiern. Man konnte sich also gegenseitig die Durchfahrt verweigern oder zumindest den jeweils anderen mit der Erlaubnis der Durchfahrt Zugeständnisse abringen. Was immer wieder geschah.
Mehr als 500 Jahre lang übten die Salzburger Erzbischöfe dank der bairischen Schenkung an den Hl. Rupert einen sehr starken Einfluss auf die Saline in Reichenhall. Mit der Werdung der Landesgrenzen und der allmählichen Fassung der verschiedenen Rechte in der Hand des Herzogs schwand dieser Einfluss. Was bewirkte, dass der Erzbischof sich dem Dürrnberg bei Hallein zuwandte und ihn mit dem neuen Laugverfahren ausbaute. Dazu kamen die Kontrolle der Schifffahrt auf der Salzach und günstige Preise: Für die nächsten 400 Jahre etwa geriet die Reichenhaller Saline in die Defensive. Ebenfalls Anfang des 13. Jahrhunderts fiel der Pinzgau, woher die Reichenhaller auf der Saalach ihr Feuerholz bezogen, an Salzburg, war also Ausland und der Bezug musste über Verträge gesichert werden. Nach vielem Hin und Her wurden 1594, 1612 und 1781 Verträge geschlossen, die Baiern die alleinige Vermarktung des Halleiner Salzes zusprach, der Herzog versprach die Abnahme des Salzes zu einem festen Preis, der Erzbischof partizipierte fortan am bairischen Handelsmonopol. Wenngleich dies nicht immer im Sinne der Erzbischöfe war, gewannen sie in diesen Jahren die Freiheit, sich nicht um das Salz und seinen Gewinn kümmern zu müssen, sondern konnten ihre Energie bei relativ gesicherten Einnahmen dem künstlerischen und kulturellen Ausbau ihrer barocken Stadtlandschaft widmen.

Blick über Hallein.

Hallein und der Dürrnberg

Der Dürrnberg, der Salzberg von Hallein, wurde schon vor 4500 Jahren nutzbar gemacht. Anfänglich wohl die verschiedentlich austretenden Solequellen, ab dem 6. Jahrhundert vor unserer Zeitrechnung begannen die Kelten mit dem Untertagebau und wurden reich darüber. Die Grabbeigaben, heute im Halleiner Keltenmuseum ausgestellt, bieten ein eindrückliches Bild. Warum der Abbau des Salzes zur Römerzeit stark zurückging oder ganz aufhörte, wissen wir nicht. Ende des 12. Jahrhunderts jedenfalls wurde der Dürrnberg wieder interessant. Um die aus dem Haselgebirge gewonnene Sole zu versieden, wurde eine Holzrinne als Leitung hinunter nach Hallein gebaut. Und um genügend Holz zum Verheizen beizubringen, bauten die Halleiner einen Grießrechen (Holztriftanlage), der für Jahrhunderte als der größte Europas galt. Im Zuge der immer intensiver werdenden Sommerfrische wurde der Triftkanal zu einem Strandbad ausgebaut, dessen große Attraktion ein hölzerner Toboggan war, auf dem man mit einem Schlitten hinunter ins Wasser der Salzach rutschen konnte. Das Bergwerk ist mittlerweile geschlossen und wird heute als Schaubergwerk geführt, zu dem eine Seilbahn hinaufführt. Das erwähnte Keltenmuseum, im 1654 errichteten Bau der alten Salinenverwaltung untergebracht, birgt aber nicht nur Schätze der Kelten, zum Beispiel die tausende Jahre alte Schnabelkanne mit ihren mystischen Figuren, hier kann man auch tief eintauchen in die historische Salzgewinnung. In den Fürstenzimmern, oben unter dem Dach, hängen 73 Tafeln aus dem Jahr 1757, deren Szenen alles zeigen, was zu einem damaligen Salinenbetrieb gehörte. Praktischen Einblick in die Lebenswelt der Kelten gewinnen Besucher des Keltendorfes Salina. Was man ebenso nicht versäumen sollte, ist ein Besuch der Ausstellung im ehemaligen Mesner- und Chorregentenhaus, in dem der Komponist Franz Xaver Gruber 28 Jahre lang lebte und dabei die Musik zu dem Gedicht des Pfarrers Joseph Mohr schrieb: *Stille Nacht, heilige Nacht*.

Im Sommer 1989 erlosch mit der Einstellung der Solegewinnung im Bergbau eine über 2500 Jahre alte Wirtschaftstradition auf dem Dürrnberg. Die Kultur füllt heute die zurückgelassenen Industriestätten mit Leben: Besonders hat sich die aufgelassene Saline mit Sudhaus, Werkstätten und Verwaltungsgebäuden auf der Pernerinsel als Standort für Produktionen der Salzburger Festspiele als wesentlicher wirtschaftlicher und touristischer Faktor etabliert.

Ausflugstipps

Salzwelten Salzburg (Hallein) und Keltendorf Salina am Dürrnberg
Ramsaustraße 3, A-5422 Dürrnberg
+43 6132 200 8511, info@salzwelten.at, www.salzwelten.at

Am Dürrnberg bei Hallein befindet sich heute noch das älteste Besucherbergwerk der Welt. Das Keltendorf gibt spannende Einblicke in das Leben der prähistorischen Bergleute, die bereits vor mehr als 2600 Jahren nach dem „weißen Gold" gruben.

Keltenmuseum Hallein
Pflegerplatz 5, A-5400 Hallein
+43 6245 80783, besucherservice@keltenmuseum.at
www.keltenmuseum.at

Das Museum ist eines der größten für keltische Geschichte und Kunst in ganz Europa.

Das bairische Salz

In Reichenhall, der südöstlichen Ecke des alten Herzogtums, gab es kein Bergwerk, sondern nur mehr oder minder hochkonzentrierte Solequellen direkt aus dem Berg. Jedenfalls so lange, bis Berchtesgaden im Jahr 1810 endgültig Baiern zugeschlagen wurde. Aber bereits vorher wurde ein Großteil des in der Fürstpropstei geförderten Salzes von Baiern mitverkauft.

Dem Salz aus den Solequellen der südöstlichen Ecke des Herzogtums fehlten zwei wichtige, entscheidende Komponenten auf seinem Weg zum Endverbraucher: Das Holz zum Befeuern der Pfannen musste zum großen Teil aus dem Pinzgau beschafft und herbeigeschafft werden. Aus Wäldern, die unter fremder Landeshoheit standen und also immer auf Verträge oder Goodwill angewiesen waren. Bis auf den Weg nach Westen Richtung Bodensee und nach Nordwesten in das Reich konnten alle Transportwege, vor allem die kostengünstigen und massentauglichen Schiffstransporte auf Salzach und Inn, von fremden Mächten – auch hier dem Erzbischof von Salzburg – jederzeit gesperrt werden.
Kein Wunder also, dass sich das bairische Salz den beschwerlicheren Weg über Land suchte, suchen musste, und der Herzog, der sich ab dem 15. Jahrhundert durch eine Art Enteignung mit Entschädigung das Salzmonopol gesichert hatte, ein System einführen ließ, das die Transportwege des Salzes vorschrieb und neben den herzoglichen Maut- und Zollgebühren über das Niederlagsrecht auch den Städten und ihren Bürgern Verdienstmöglichkeiten eröffnete.
Die Stadt München etwa verdankt diesem System ihre historisch gewachsene Bedeutung.

Die Verlagerung der Salinen von Reichenhall mit Soleleitungen zuerst in die Zweigsaline Traunstein, dann nach Rosenheim, wo man sogar mit dem längst bekannten, aber beim Salz noch nicht genutzten Torf zum Heizen der Pfannen experimentierte, eröffnete den Weg, Energie aus bairischen Salinenwäldern zu beziehen und nicht mehr auf fremde Rechte angewiesen zu sein.

Das Holz für Traunstein kam aus den Wäldern um Ruhpolding und Inzell, woher man es mit vielen Klausen und Wehren auf der Traun triften konnte.
Auch in Bayern gibt es einen solchen Fluss gleichen Namens, auch wenn sie sich mit der Salzkammergut-Traun in Größe und Bedeutung nicht messen kann. Eine ganze Reihe dieser Klausen kann man auch heute noch im Umkreis des Holzknechtmuseums in der Laubau bei Ruhpolding sehen. Über die Soleleitungen konnte man die Salzerzeugung vervielfachen, was deshalb von Bedeutung war, weil man im späten Mittelalter eine weitere, noch ergiebigere Solequelle angebohrt hatte.

Mit dem Salz aus Berchtesgaden vermochte man den unterschiedlichen Sättigungsgrad der Reichenhalle Solequellen auszugleichen. Noch heute hat das Reichenhaller Markensalz zumindest in Bayern einen Marktanteil von über 50 %.

Ausflugstipps 

Holzknechtmuseum Ruhpolding
Laubau 12, D-83324 Ruhpolding
+49 8663 639, info@holzknechtmuseum.com,
www.holzknechtmuseum.com

Zahlreiche Originalobjekte, Sammlerschätze, Projektionsflächen sowie Lehrfilme machen den Besuch zu einem besonderen Erlebnis.
Und mit einem Harvester-Simulator kann man sich sogar selbst an der Holzernte versuchen! Im Umkreis sind in einer Wanderung zudem die Röthelmoos- und Eschelmoos-Klause zu erreichen: Die Reviere lieferten zusammen einst große Mengen an Brennholz und Blockhölzern für die Traunsteiner Saline.

Museum Goldener Steig
Büchl 22, D-94065 Waldkirchen
+49 8581 2020, rathaus@waldkirchen.de,
www.museum-goldener-steig.de

In Waldkirchen im Bayerischen Wald ist in einem alten Wehrturm der Stadt das Museum „Goldener Steig" eingerichtet.
Es dokumentiert die Geschichte des Salzhandels zwischen Bayern und Böhmen. Der Weg des „weißen Goldes" führte auf dem verkehrsreichsten mittelalterlichen Saumhandelsweg Süddeutschlands auch durch diese Stadt.

Bad Reichenhall und die Salinen

Schon ungefähr 2500 Jahre vor unserer Zeitrechnung sollen „Glockenbecherleute“ (benannt nach der Form ihrer erhaltenen Keramik) in der Gegend von Reichenhall gewesen sein. Sicher ist, dass Kelten in den letzten 500 Jahren vor Christus hier siedelten. Man kann ebenso als gesichert annehmen, dass sie die austretende Sole zur Gewinnung von Salz nutzten. Auch die Römer nutzten die Solequellen und sotten Salz in Tontöpfen. Anders als das Bergwerk von Hallstatt, das zur Römerzeit verödete. Wahrscheinlich war ihnen das Gewinnen von Salz aus Sole durch das Meersalz vertrauter als der Steinsalzabbau unter Tage. Im frühen 12. Jahrhundert stand die Salzsiederei und der Vertrieb des kostbaren Minerals in Reichenhall offenbar in voller Blüte, denn eine Urkunde stellt fest, dass die Reichenhaller vom Reichtum aufgebläht seien.
Gegen Ende des 12. Jahrhunderts kaufte der Salzburger Erzbischof von Böhmen die Salzlagerstätte auf dem Dürrnberg bei Hallein und ließ dort mit dem neuartigen Laugverfahren große Mengen Salz erzeugen. Um die lästige Konkurrenz von Reichenhall auszuschalten, ließ er 1196 den Salzsiederort Reichenhall samt Quellfassungen und Salinen zerstören. Mit durchschlagender Wirkung. Auch nach dem Wiederaufbau behielt der Dürrnberg noch lange Jahre die Oberhand über den Salzhandel nach Norden, der Donau zu. Am Ende des 15. Jahrhunderts kaufte der Baiernherzog die Reichenhaller Siederechte auf, denn den bisherigen bürgerlichen Salzherren fehlten die Mittel zu einer dringend notwendigen Renovierung und Modernisierung der Salinenanlagen – ab 1619 waren Salzerzeugung und -vertrieb zu einem staatlichen, herzoglichen Monopol geworden. Gute 100 Jahre später wurde in Reichenhall das erste Gradierwerk eingerichtet. Mit ihm hoffte man, Feuerholz einzusparen. In seinem Endausbau war das Gradierwerk 170 Meter lang, 13 Meter breit und 18 Meter hoch. Gefüllt mit stacheligen Schwarzdornzweigen

 Seite 182–183: Alte Saline in Bad Reichenhall.

von der Schlehe, über die man die Sole rieseln ließ, sollte ein Teil des Wassers verdunsten, der Sole damit einen höheren Sättigungsgrad und es damit in der Sudpfanne mehr Salz geben. Im 19. Jahrhundert entdeckte man dann die gesundheitsfördernde Wirkung des Salzwassers und baute Anfang des 20. Jahrhunderts die heute vielgenutzte Freiluft-Inhalationsanlage mit Wandelgängen auf beiden Seiten. Sie ist das Zentrum des Kurparks.

Im Jahr 1136 sind die Augustiner Chorherren in ein wahrscheinlich deutlich älteres, aus dem beginnenden 9. Jahrhundert datierendes Kloster eingezogen. Zu seiner wirtschaftlichen Erhaltung war es seit seiner Gründung bis ins 16. Jahrhundert mit eigenen Sudpfannen und zugehörigen Salinenwäldern ausgestattet. Das Kloster überstand die wechselvollen Zeitläufe und erhielt sogar nach der Säkularisation seinen mönchischen Bildungsauftrag. Heute betreiben die „Englischen Fräulein“ in den Klostergebäuden eine Schule.

Kloster und zugehörige Kirche, die heute als Pfarrkirche für Bad Reichenhall dient, sind dem Hl. Zeno geweiht. Das ist einigermaßen ungewöhnlich, denn der Heilige wird in Oberitalien hoch verehrt und ist in der gleichnamigen Basilika in Verona begraben. Warum der Hl. Zeno den Weg über die Alpen gefunden hat, darüber gibt es mehrere Theorien. Der Name Zeno könnte auf die enge Verbindung des bairischen Herzoggeschlechts der Agilolfinger mit den Langobarden, die im nördlichen Italien ein stattliches Reich errichtet hatten, hinweisen. Dafür würden auch die beiden Löwen sprechen, die das Portal der Kirche bewachen und langobardische Kunsttraditionen aufgreifen. Es wurde gegen Ende des 12. Jahrhunderts von einem Meister aus Piacenza gestaltet. Aber man könnte den Hl. Zeno auch aus einem ganz anderen Grund als Patron ausgewählt haben, gilt er doch als Schutzpatron gegen Überflutung. Und als solcher konnte er sich für Reichenhall als durchaus nützlich erwiesen haben. Denn im Mittelalter noch floss die Saalach mitten durch den Ort. Wenn es

zu Überschwemmungen kam – und das war für den Ort direkt im Gebirge nicht nur bei Schneeschmelze keine Seltenheit – verwandelte sich die Stadt mit ihren ungepflasterten Straßen in eine überflutete Sumpflandschaft. Der Hl. Zeno sollte es verhüten.
Die Kirche St. Zeno wurde im romanischen Stil erbaut; sie machte im Laufe der Jahrhunderte alle Stile durch und wurde stets den Zeiten angepasst: Gotik, Renaissance, Barock, Rokoko. Im 19. Jahrhundert wurde ihr eine umfassende Re-Romanisierung verordnet – nur die ehemals flache romanische Holzdecke blieb weiterhin von gotischen Bögen ersetzt. Gleiches gilt für den stimmungsvollen romanischen Kreuzgang, den man im Rahmen einer Führung besichtigen kann. Heute gilt St. Zeno als die größte romanische Basilika in Altbayern.
Aber das ist noch nicht alles, was Bad Reichenhall an romanischen Überresten zu bieten hat. Da wäre zum Beispiel noch das Georgs-Kircherl in Nonn, einem Ortsteil von Reichenhall, und vor allem St. Johannes, die wohl älteste Kirche der Stadt, eine romanische Saalkirche, die schon 790 „ad salinas" – „bei den Salinen" – erwähnt wurde. Das Patronat weist auf ihr Alter hin, auf die Zeit der Christianisierung von Baiern, in der Kirchen gern Johannes dem Täufer geweiht wurden. Auch St. Aegidius, ab 1159 erbaut, ist im Kern romanisch. Im 15. Jahrhundert wurde sie gotisiert und erhielt einen Kirchturm mit Turmstube, denn er diente gleichzeitig als städtischer Wachturm und als Auslug des Feuerwächters, ein wichtiges Amt in einer Stadt mit vorwiegend hölzernen Häusern, in deren Salinen noch dazu riesige Feuer unterhalten wurden. Im Jahre 1854 kam es zu einem verheerenden Brand, bei dem 278 von 302 Häusern eingeäschert wurden, dazu die Saline mit all ihren Nebengebäuden und sogar das vor der Stadt liegende Schloss Axelmannstein. König Ludwig I., der den nunmehr aus Stein ausgeführten Neubau der Saline tatkräftig unterstützte, befahl, zwischen den einzelnen Bauten großzügigen Raum zu lassen, um vor weiteren Feuern gewappnet zu sein. Heute kann man die „Alte

Saline“ in einem gemütlichen Spaziergang erforschen: das Hauptbrunnhaus, darunter in Stollen und Schächten die Solequellen mit zwei 13 Meter hohen Schöpfrädern, die die Sole auch heute noch nach oben pumpen, der Beamtenstock, in dem die Verwaltung untergebracht war – und natürlich die Saline selbst. Aber auch das alte Triftwehr und ein paar Schleusen an der Saalach kann man noch sehen. (Übrigens: Im Zweiten Weltkrieg wurden in der Alten Saline die Elefanten des Circus Krone untergebracht, nachdem die Stallungen in München bei einem Bombenangriff zerstört worden waren.)
Mit dem Wiederaufbau der Stadt aber ging es nach dem Brand Schlag auf Schlag. Reichenhall machte sich auf den Weg zur Kurstadt. 1846 wurde die erste Sole- und Molkekuranstalt eröffnet, zwei Jahre später kam König Max II. zur Kur und machte damit den Ort „fashionable“, 1868 entstand der Kurgarten, in dem fortan im Sommer das Kurorchester musizierte. 1890 dann wurde Reichenhall „Bad“ und neun Jahre später zum „Königlich Bayrischen Staatsbad“ quasi geadelt. Im Jahr 1912 ließ man im Kurpark das größte und von vielen Kurgästen genützte Alpen-Freiluft-Inhalatorium der Welt erbauen. Es ist 160 Meter lang und 13 Meter hoch. In den Wandelgängen zu beiden Seiten kann man die durch die Zerstäubung über die Schwarzdornfelder entstandenen Aerosole einatmen, gut vor allem für Atemwegserkrankte. 1928 folgte schließlich die Einweihung der Predigtstuhlbahn als erste „Großkabinenseilschwebebahn“ der Welt.

Auch in Traunstein, der ersten Zweigsaline von Reichenhall, gibt es heute ein restauriertes Salinenviertel, das mit vielen Informationstafeln zu einem Spaziergang einlädt, zu besichtigen. Hier ist ebenfalls eine Reichenbachsche Wassersäulenmaschine zu besichtigen. Eine Ausstellung informiert ausführlich über die Pipeline, die vor 400 Jahren gebaut wurde. Wenn man ein gesamtes Brunnhaus besichtigen will, muss man aber ein Stück weiter Richtung Rosenheim fahren. In Grassau im Chiemgau

hat man eine vollständig erhaltene Pumpstation zum Museum umgebaut, wo die Wassersäulenmaschine von Reichenbach bei Führungen auch in Betrieb genommen wird.
Die Zweigsaline in Rosenheim wurde von 1810 bis 1958 betrieben, anschließend abgerissen. Heute finden sich hier so gut wie keine baulichen Überreste, die auf die ehemalige Bedeutung des Salzes hinweisen würden.

Ausflugstipps

Alte Saline mit Salzmuseum
Alte Saline 9, D-83435 Bad Reichenhall
+49 8651 7002-6146, info@alte-saline.de, www.alte-saline.de

Die Saline zählt zu den bedeutendsten Industriedenkmälern Bayerns. Hier erfährt man alles Wesentliche über die historische Salzgewinnung in der Region und die Technik(en) dahinter. Gerade im Sommer bietet der Komplex eine gute Abkühlung – unter Tage hat es in der Alten Saline ganzjährig konstante 12 Grad Celsius.

Alpensole Gradierhaus im Königlichen Kurgarten
Kurstraße, D-83435 Bad Reichenhall
+49 8651 6060, info@bad-reichenhall.de
www.bad-reichenhall.de

Es wird heute noch von offizieller Seite empfohlen, täglich eine halbe Stunde an der vom Wind abgewandten

Seite, also dort, wo die Sole nicht rieselt, langsam und ruhig durch die Nase atmend, am Gradierhaus entlang zu spazieren.

Salinenpark Traunstein
Stadtplatz 39, D-83278 Traunstein

Anlässlich des 400-jährigen Jubiläums der Salinenstadt Traunstein wurde 2019 der Salinenpark eröffnet. Hauptattraktionen sind hier die Reiffenstuelpumpe mit Wasserrad sowie eine im Original erhaltene und noch immer funktionsfähige Reichenbachsche Wassersäulenmaschine aus dem 19. Jahrhundert. Ergänzend zu diesem Freilichtmuseum wurde daneben im Erdgeschoss des Ferdinandistocks eine Ausstellung eingerichtet, welche die Geschichte der ersten Pipeline der Welt – der Soleleitung von 1619, die von Reichenhall nach Traunstein führte – dokumentiert.

Museum „Salz & Moor" im Klaushäusl
Klaushäusl 9, D-83224 Grassau
+49 8641 5467, info@klaushaeusl.de
www.grassau.de/das-museum

Bei Grassau im Chiemgau ist das „Klaushäusl", ein ehemaliges Brunnhaus, zum Museum ausgebaut worden. Hier kann man eine originale „Wassersäulenmaschine" besichtigen.

Berchtesgaden

Die Augustiner Chorherren von Berchtesgaden hatten es trotz oder gerade wegen des reichen Salzvorkommens in ihrem kleinen Territorium nicht leicht. Es war von drei Seiten von den Ländereien des Erzbistums Salzburg umgeben, auf der vierten Seite grenzte es an das Herzogtum Baiern. Zwei mächtige Nachbarn, die ihre begehrlichen Blicke immer wieder auf die Fürstpropstei (seit 1559) richteten. Immer wieder hatte einer der beiden das Sagen, sodass das Berchtesgadener Salz nur selten eigenständig vermarktet werden konnte, sondern meist entweder unter Reichenhaller oder Halleiner Salz lief.

Im Jahr 1156 erhielt das Kloster die Forsthoheit über ihr Gebiet, dazu das Schürfrecht nach Salz und Metall. Wobei nicht sicher ist, ob dieses Schürfrecht nicht später in die Urkunde hineingeschwindelt worden war, ein Vorgang, der im Mittelalter immer wieder einmal vorgekommen ist. Man kann sagen, dass das Salz ab 1300 das wirtschaftliche Rückgrat der Chorherrengemeinschaft war. Die Augustiner Chorherren waren kein Mönchsorden, sondern ein Zusammenschluss weltlicher Priester, die nach einer gemeinsamen Regel lebten. Die Chorherren verschuldeten sich, offenbar wegen ihres aufwendigen Lebensstils, so stark, dass die Erzdiözese Salzburg den gesamten Schuldenberg übernahm, als Pfand dafür aber die Solequellen und die Saline von Berchtesgaden beanspruchte. Erst im 16. Jahrhundert änderte sich Grundlegendes: Im Jahr 1517 beginnt die eigentliche Geschichte des Berchtesgadener Salzbergwerks, denn von dieser Zeit an wurden die ersten Stollen geschlagen. 1594 dann verpachtete Erzbischof Wolf Dietrich von Raitenau gegen eine Abnahmegarantie von Halleiner und Berchtesgadener Salz sein Salzhandelsmonopol an Inn und Donau an Baiern. Das war von großer Bedeutung für das Land, wurde doch der lukrative Weg des Salzes nach Böhmen von den Habsburgern zunehmend versperrt. Und sowohl Salzburg als

 Seite 190–191: Blick auf Berchtesgaden mit dem Watzmann im Hintergrund.

auch Baiern produzierten mehr Salz, als sie verbrauchen konnten, waren also auf den Export und dabei auf die Gutwilligkeit des Nachbarn angewiesen.

Der Name Berchtesgaden hat eine konjunktivische Herkunft: „Gaden“ weist auf ein einstöckiges Haus hin, vielleicht die Urzelle des Ortes, beim „Berchtes“ gehen die Meinungen auseinander: Der Besitzer dieses Gadens könnte ein gewisser Berther oder Perther gewesen sein; eine Sage verweist auf einen Berchtold, dem eine Nixe aus dem Königssee den Weg zum Salz gewiesen hat. Eine andere Sage vermutet, dass die Frau Percht (oder Berchta, Berta), identisch mit der Frau Holle und eine der Anführerinnen der „Wilden Jagd“, die zwischen Weihnachten und Dreikönig die Gegend unsicher machte, Namensgeberin für Berchtesgaden war.

Zu Beginn des 17. Jahrhunderts ließ der damalige Fürstpropst fast alle Bewohner ausweisen, die dem lutherischen Glauben anhingen. Mit ein Grund, warum das Berchtesgadener Holzspielzeug, das die Bergbauern in den langen Winterabenden schnitzten und über Verleger weitum verkauften, in der Nürnberger Gegend Fuß fasste und zu einem Fundament der dortigen Spielwarenindustrie wurde.

Im Jahr 1795 wurden Bergwerk, Saline und Salinenwälder – man könnte sagen: endgültig – an Baiern verpachtet. Da die Wälder um Berchtesgaden bei weitem nicht mehr ausreichten, um die Pfannen zu heizen, beauftragte man Georg von Reichenbach, eine Soleleitung über 29 Kilometer von Berchtesgaden nach Reichenhall zu bauen, was wegen der großen Höhenunterschiede auf erhebliche Schwierigkeiten stieß. Der Mechaniker Reichenbach konstruierte jene in diesem Buch bereits erwähnte Wassersäulenpumpe, die es schaffte, den Höhenunterschied von 355 Metern zu überwinden. Die Rohre für die Pumpe wurden in Bodenwöhr (Oberpfalz) gegossen und aufwendig mit Fuhrwerken, Schiffen und wieder Fuhrwerken angeliefert. Man hatte kein Vorbild, wie die Rohre auf den Druck bei diesem Gefälle reagieren würden. Doch es gelang. Bis 1927 verrichteten die Pumpen ihren Dienst. Die große Pumpe kann man heute im Bergwerk Berchtesgaden besichtigen. Sie war eine technische Meisterleistung der damaligen Zeit. Vor gut 50 Jahren wurde dann eine neue Soleleitung nach Reichenhall verlegt, die die dreifache Menge Sole befördern kann.

Obwohl Berchtesgaden das älteste noch aktive Salzbergwerk Deutschlands ist, spielt das Salz heute eine eher touristische Rolle, zumal die Produktion in der Saline Anfang des 20. Jahrhunderts eingestellt worden ist. Mit seiner Tour „SalzZeitReise" in die Tiefen des Salzberges zieht das Schaubergwerk jährlich viele tausend Besucher an. Ein 850 Quadratmeter großer Heilstollen wird von Menschen mit Asthma, Hautkrankheiten und verschiedenen Allergien zu Heilung oder Linderung gern besucht. Der Ort selbst aber mit seiner landschaftlich reizvollen Lage am Königssee und dem Fuß des Watzmanns hat seit dem 19. Jahrhundert viele Maler wie Ludwig Richter, Carl Rottmann oder Caspar David Friedrich angezogen, wobei letzterer nie in Berchtesgaden war, wie es scheint, sondern als Vorlage für sein bekanntes Gemälde *Der Watzmann* ein Bild seines Malerkollegen Richter genommen hatte. Das Bild hängt heute in der Alten Nationalgalerie in Berlin.
Ludwig Ganghofers Romane trugen wesentlich zum Bekanntheitsgrad des Ortes bei: Der bereits erwähnte *Mann im Salz*, dessen Auffindung er kurzerhand von Hallstatt hierher verlegt hat und eine ganze Reihe anderer, vielgelesener Heimatromane, wären hier zu nennen. Natürlich auch die regelmäßige Anwesenheit der Wittelsbacher. Das ehemalige Chorherrenstift wurde zum königlichen Schloss umgebaut, vor allem

Prinzregent Luitpold kam alljährlich zur Jagd in die Reviere um den Königssee und galt als großer Mäzen. Welche Bedeutung das Stift in der Vergangenheit hatte, kann man am besten an der Kirche ablesen: Sie weist ein eindrucksvolles Konglomerat von Stilen seit der Romanik auf.

Viele gepflegte Traditionen, wie der Buttnmandllauf oder der Kramperl in der Adventszeit, aber auch das weihnachtliche Böllerschießen oder der Festzug der Bergknappen an Pfingsten und die gern getragene Tracht machen den Ort heute attraktiv. Auf einem Spaziergang kann man zudem die teilweise noch aus der Gotik stammenden Lüftlmalereien an den Hausfassaden bewundern. Die Dokumentation Obersalzberg, Ende 2023 grundlegend erneuert wiedereröffnet, beschäftigt sich mit dem sogenannten Führersperrgebiet zur Zeit des Nationalsozialismus. Im Informations- und Bildungszentrum des Nationalparks Berchtesgaden kann man zudem tief in die Zusammenhänge zwischen Natur und Kultur eintauchen. Auch ein Ausflug zur Wallfahrtskirche Maria Gern bietet sich an. Das geschnitzte Gnadenbild am Hochaltar erhält je nach der Zeit im Kirchenjahr immer wieder neue barocke Kleider in den jeweiligen Farben. Man sollte einen Blick auch auf die Votivtafeln werfen, die ein eindringliches Bild über die Nöte der vergangenen Zeit zeichnen und auf die Hilfe, die den Betenden zuteil wurde. Oberhalb von Ramsau liegt die spätbarocke Wallfahrtskirche Mariä Himmelfahrt in Kunterweg. Und natürlich darf man, trotz des sommerlichen Treibens mit unzähligen Gästen, den Blick in die Kirche St. Bartholomä am Königssee nicht vergessen.

Ausflugstipps

Salzbergwerk Berchtesgaden
Bergwerkstraße 83, D-83471 Berchtesgaden
+49 8652 6002, info@salzbergwerk.de
www.salzbergwerk.de

Das Salzbergwerk ist das älteste aktive in Deutschland, es fungiert auch als Schaubergwerk. 2017 feierte man mit den Gästen den ununterbrochenen 500-jährigen Abbau des „weißen Goldes".

Berchtesgadener Stollenweg
www.berchtesgaden.de/wandern/
salz-und-soleleitungswege/berchtesgadener-stollenweg

Der nicht ganz elf Kilometer lange Weg – für diesen sind rund drei Stunden einzuplanen – führt auf historischen Wegen des Salzbergbaues von Berchtesgaden auf den Salzberg. Im Sommer spendet der schattige Bergwald eine angenehme Kühle.

Unterwegs auf den historischen Soleleitungswegen

Fernwanderweg SalzAlpenSteig von Prien nach Obertraun
www.salzalpensteig.com

Im Jahr 2015 wurde dieser Weg eingeweiht, der über eine Länge von fast 240 Kilometern von Prien am Chiemsee bis nach Obertraun am Dachstein führt. Es sind insgesamt 18 Etappen vorgesehen, diese können aber je nach Zeit und Kondition verkürzt oder verlängert werden. Zwischeneinstiege für Teilstrecken sind jederzeit möglich. Etappenziele sind Grassau, Brachtalm, Bergen, Ruhpolding, Inzell, Bad Reichenhall, Bischofswiesen, Ramsau, Königssee, Bad Dürrnberg, Golling, Scheffau, Abtenau, Annaberg, Gosau, Bad Goisern und Obertraun.

Berchtesgadener Soleleitungsweg
www.berchtesgaden.de/wandern/salz-und-soleleitungswege/soleleitung-berchtesgaden

Die gemütliche Wanderung führt entlang der Trasse der Soleleitung von 1817. Sie beginnt am Salzbergwerk, führt über das Nonntal zum Weinfeld und über den Soleleitungssteg zum Nationalparkzentrum „Haus der Berge" in Berchtesgaden. Die gut vier Kilometer sind gut in knapp 1,5 Stunden zu bewältigen.

Soleleitungsweg in Ramsau
www.berchtesgaden.de/wandern/wanderwege/soleleitungsweg

Hierbei handelt es sich um einen beliebten Genuss-Panorama-Wanderweg oberhalb des Bergsteigerdorfes Ramsau mit einer Länge von rund 10,5 Kilometern, wofür rund drei Stunden Gehzeit zu veranschlagen sind. Es geht hier auch zu einem kurzen Tunnel, in dem noch die Reste der einstigen hölzernen Soleleitung zu erkennen sind.

Soleleitungsweg von Hallstatt nach Ebensee
www.hallstatt.net

Der Soleweg führt über vier Etappen mit etwa je zehn Kilometern Länge durch das innere Salzkammergut von Hallstatt nach Ebensee. Er folgt der 1607 erstmals durchgehend in Betrieb genommenen Rohrleitung. Erkundigen Sie sich vorab hinsichtlich aktueller Infos, da Teile des Weges immer wieder wegen umstürzender Bäume oder anderer „natürlicher" Schwierigkeiten gesperrt sind.
Tipp: Entlang des Weges kann man auch die Brücke über die Gosau queren, sie ist heute in Metall aufgeführt und steht unter Denkmalschutz.

Soleleitungsweg VIA SALIS von Bad Ischl nach Perneck
www.viasalis.at

Die historische Wanderung dauert rund 2,5 Stunden (4,7 Kilometer) und startet im Kurpark Bad Ischl. Es geht meist entlang der alten Soleleitung von der alten Saline zum Salzberg in Perneck. 23 Stationen geben einen Einblick zur Geologie, Salzbergbau, Salzschifffahrt und Sozialgeschichte.

Salinen-Radweg von Rosenheim nach Hallein
www.chiemsee-alpenland.de

Der Weg führt über 130 Kilometer und berührt die alten Salzhandelswege, die Soleleitungen und Salzbergwerke, mit vielen Gelegenheiten zum Besichtigen.
Der Weg nimmt seinen Ausgang in Rosenheim, genauer gesagt im Salingarten, welcher einst der Endpunkt der letzten Soleleitung war. Die Strecke verläuft hierauf zu Simssee und Chiemsee, Traunstein, Teisendorf, Piding, Bad Reichenhall und Berchtesgaden bis nach Hallein.

NACHWORT

„Kulturkammergut"?

Salz macht Kultur. Zum Abschluss und als Resümee hier nicht in Versalien geschrieben. Denn im Laufe des 19. Jahrhunderts und gegen sein Ende zu immer schneller verlor das Salz seine große Bedeutung. Rapider technischer Fortschritt und neue Methoden bei den Laugverfahren, beim Versieden und beim Transport konnten immer größere Mengen des begehrten Minerals zu immer niedrigeren Kosten zur Verfügung stellen. Salz wurde zu einem Billigprodukt, das in jedem Haushalt in beliebiger Menge zur Verfügung stand und das zudem zur Fertigung von immer mehr Produkten, Kunststoffen, Arzneimitteln und für vieles, vieles andere unentbehrlich wurde. Man könnte durchaus sagen, dass der Begriff „weißes Gold" eine ganz neue Bedeutung annahm, die mit der Zeit davor nichts mehr gemein hatte. Reichtum und Macht jedenfalls sind abgewandert und haben sich anderswo etabliert.

Früher aber verhieß das „weiße Gold" für alle, welche die Kontrolle über die Bergwerke, Salinen und Transportwege ausübten, immensen Reichtum und, damit einhergehend, große Macht über alle, die dieses Salz zum Leben benötigten – und das waren tatsächlich alle: jeder Mensch, jedes Tier. Jeder, der diese Macht ausübte und vom Reichtum zehrte, das waren die Habsburger, die Wittelsbacher, die Fürsterzbischöfe von Salzburg und die Fürstpropstei Berchtesgaden, benützte sie auch, um diese zu demonstrieren, um Zeichen zu setzen, die diese Macht erhalten sollten und für die Untertanen augenfällig machten: Burgen, Schlösser, Edelsitze, Gartenanlagen. Natürlich wurde dieser Reichtum auch dazu gebraucht, sich mit prunkvollen Kirchenbauten oder Klosterstiftungen die Gunst des Himmels zu erkaufen. Die größten Künstler von Böhmen bis nach Italien wurden zu ihrem Schmuck verpflichtet. Auch aus Eigeninteresse waren die Mächtigen bestrebt, die Technik der Salzgewinnung auf dem jeweils neuesten Stand zu halten: die Bergwerke, die Sinkwerke und Salinen, die Transportwege und -mittel, die für das Salz wesentlich waren. Diese technischen und handwerklichen Meisterleistungen kann man, wie gezeigt wurde, eben heute noch bewundern: auf der Rutschbahn tief im Berg, in Museen, auf Wanderungen und Radtouren rund um Inn und Salzach.

Es scheint aber, als seien diese technischen Relikte ein bisschen in den Hintergrund getreten. Ja, sie werden schon noch besichtigt – aus Interesse und aus Freude –, aber doch werden sie auch verdrängt von einem Phänomen, das sich im Laufe des 19. Jahrhunderts herausgebildet und in den Gebieten des Salzes einen massiven Identitätswechsel bewirkt hat: der Sommerfrische und in ihrer Folge dem Tourismus und dem Kur- und Bäderwesen, was mit der Industrialisierung und ihren gesundheitsschädigenden Ausdünstungen einen großen Aufschwung genommen hat.

Die Macht und der Reichtum, der aus dem Besitz des Salzes geflossen war, ist erloschen. Geblieben ist die Kultur, die sich mit ihnen ausgebreitet hat vom Salzkammergut bis in den Rupertiwinkel, eingebettet in eine Landschaft, wie sie schöner nicht gedacht werden kann und vielen Künstlern Anlass bot, sich in Bild oder Text mit ihr zu befassen. Nicht umsonst wurden Bad Ischl und das Salzkammergut im Jahr 2024 zur Kulturhauptstadt Europas erwählt. Man hört sogar von Bestrebungen, das Salzkammergut in „Kulturkammergut“ umzubenennen. Was immer man davon halten mag? Wenn das Salz, auf dem alles gründet, was an Kultur in dieser Region entstanden ist und noch immer lebt, auch aus einem traditionellen Namen verdrängt wird, geht ein Großteil der Vergangenheit, die diese Region geprägt und ausgezeichnet hat, verloren. Das wäre schade, denn das Salz hat einen bedeutenden Teil unser aller Geschichte beeinflusst und die Region zu dem werden lassen, wie wir sie heute kennen und lieben.

Fachausdrücke

Salz

Sole nennt man Süßwasser, in dem Salz gelöst ist. Vielerorts treten Solequellen direkt aus der Tiefe an die Oberfläche und können genutzt werden. Aber nur in Reichenhall hatten diese Quellen einen relativ hohen Sättigungsgrad und konnten mit ergiebigem Ergebnis versotten werden.

Noch deutlich ergiebiger war eine Sole, die mittels des **Laugverfahrens** gewonnen wurde. Hierbei wurden in das Haselgebirge Kavernen, große Höhlungen, geschlagen und Süßwasser eingeleitet, das sich mit Salz anreicherte, anschließend herausgepumpt und in den Sudhäusern versotten und zu kristallisiertem Salz verarbeitet wurde. Mit dieser Methode, die im Prinzip auch heute noch gilt, konnte man beliebig viel Salz produzieren und problemlos auf expandierende Märkte reagieren.

Im **Sinkwerk**, wie diese künstlichen Kavernen hießen, sanken die verunreinigenden Materialien zu Boden – das Sinkwerk wurde über diesen Resten, die sich übereinander lagerten, immer kleiner, der Boden wanderte in Richtung Decke und konnte irgendwann nicht mehr benutzt werden. Ein neues Sinkwerk musste geschlagen werden. Salz aber konnte man mit dieser Methode in hoher Reinheit fördern.

Mit **Grädigkeit** bezeichnet man den Sättigungsgrad der Sole. Süßwasser kann nur bis etwa 26 % Salz aufnehmen. Dann gilt es als gesättigt und bietet optimalen Ertrag. Darüber hinaus blüht es in kristalliner Form aus, wie man etwa am Toten Meer sehen kann.

Die Anlage, in der aus Sole Salz gesotten wurde, bezeichnete man nach dem lateinischen Wort für Salz („sal“) als **Saline**. Sie war und ist das Kernstück der Salzproduktion.

Die Sudpfannen, in denen die Sole gekocht wurde, nannte man nicht nur rund um Inn und Salzach **Pfannen**. Sie waren im Mittelalter und bis weit in die Neuzeit mit Abweichungen 12 x 17 Meter groß, konnten aber auch deutlich größer sein. Sie wurden von den Salinenschmieden aus Eisenblechen gefertigt, mit Nieten dachziegelartig übereinander genietet und mit Salzwasser, Kalk und Werg abgedichtet. Der Rand der Pfannen war in der Regel 45–50 Zentimeter hoch. Die Pfanne stand auf vier gemauerten Pfosten über dem Feuer und wurde von schweren Ketten gehalten. Sie sollten verhindern, dass sich die Pfanne bei starker Hitze nach oben wölbte.

Die Arbeiter an den Pfannen nannte man **Pfannhauser**. Es waren meist zehn pro Pfanne.
In einem **Pfannhaus** gab es in der Regel mehrere Pfannen, die der Reihe nach für jeweils eine Arbeitswoche – so lange dauerte ein Sud – beheizt wurden. Der Rest wurde jeweils gesäubert und bei Bedarf repariert.

Der mittels Verdunstung gewonnene Salzbrei wurde in **Fuder** geschaufelt, festgestampft und zum Trocknen über den Feuerstellen aufgestellt. Sie waren konisch geformt, deshalb konnte man sie leicht abheben, wenn das noch feuchte Salz zu einem festen Kegel getrocknet war.

In **Pfieselhäusern** (man nannte die Dörrgerüste Pfiesel), die ebenfalls beheizt waren, trockneten die Salzkegel noch weiter aus.

Diese weitgehend trockenen Kegel wurden zerschlagen, in **Kufen**, einer Art Fässer, je nach Gegend zu 60 oder 70 Kilogramm gefüllt, und gingen in den Transport zu Lande oder zu Wasser. Diese Kufen mit regional unterschiedlichem Fassungsvermögen waren für die Salzgewinnung typisch. Deshalb findet man sie in alten Stichen immer wieder. Auch der Salzheilige Rupertus wird immer mit einer Salzkufe als Symbol dargestellt.

Vielfach nannte man diese Kufen auch **Scheiben**. In den Salzstädeln angekommen, wurden die Salzscheiben wieder zerschlagen und die Salzkristalle in verbrauchsfähige Mengen verpackt.
Salzkleinhändler nannte man deshalb auch **Salzstössel**.

Im 19. Jahrhundert ging man dazu über, das trockene Salz in Jutesäcke zu packen und zu transportieren. Saumpferde konnten das in Säcken verpackte Salz leichter tragen. Das in den Pfannen zurückgebliebene, herausgekratzte Salz war verunreinigt und ging als Viehsalz in den Handel. Um den Salztransport und zugleich die Entwicklung der bairischen Städte zu fördern, schufen die bairischen Herzöge das **Niederlagsrecht**, auch Stapelrecht genannt. Es besagte, dass in den genannten Orten (Traunstein, Wasserburg, München, Friedberg, Landsberg, …) das Salz abgeladen und im Salzstadel für ein paar Tage zum Kauf angeboten werden musste. Es war den Salzfuhrwerken bei Strafe verboten, diese Orte zu umgehen. Um den Transporteuren, die dieses Gewerbe sehr oft als bäuerlichen Nebenerwerb betrieben, ein Auskommen zu verschaffen, durften etwa die Traunsteiner das Salz in Reichenhall abholen und bis Traunstein bringen, dort holten es die Wasserburger ab, während ab Wasserburg die Münchner Fuhrwerke das Transportrecht hatten.

Holz

Eines vorab: **Holz** bezeichnet in der bairischen Sprache nicht nur das, was im Wald wächst, also etwa das Holz zum Einheizen, sondern auch den ganzen Wald. Man geht nicht in den Wald, sondern ins Holz. Deshalb auch nicht Waldarbeiter, sondern Holzknecht.

Holzknechte waren in der Regel nachgeborene Bauernsöhne oder Bankerten, unehelich geboren. Die gab es zuhauf, denn Mägde, Knechte und andere Geringverdiener, die keine Steuern zahlten, durften nicht heiraten. Ihre Kinder, so sagte man, wurden nicht im Ehebett, sondern auf der Hausbank gezeugt, daher die Bezeichnung „Bankert". Vollkommen rechtlos wurden sie von der wohlhabenderen Bevölkerung gern als billige Arbeitskräfte in Anspruch genommen.

Klafter war ursprünglich ein Längenmaß, wurde später aber auch als Volumenmaß verwendet. Je nach Region umfasst die Länge zwischen 1,80 Metern, der Spannweite eines erwachsenen Mannes, und etwa drei Metern. Die Breite eines Holzstoßes dieser Länge beträgt einen Meter.

Mit **Riese** bezeichnete man eine aus Holz gefertigte Rutschbahn oft beträchtlicher Länge, in der, vornehmlich im Winter, wenn sie durch Vereisung noch rutschiger gemacht wurde, das Holz zu Tal geschickt wurde – eine lebensgefährliche Arbeit.

Sappie heißt die Spitzhacke mit etwas längerem Stil, mit denen die Holzknechte zum Beispiel größere Holzstücke ziehen konnte. Es wurde auch oft als Gehhilfe im Gebirge anstelle eines Stockes verwendet. Auch bei der Arbeit der Zutalbringung des Holzes waren Spitzhacken eine große Hilfe.

Klausen sind Stauwehre, die an Engstellen von Bächen angelegt wurden. In diese Stauseen wurden die zum Verfeuern bestimmten Stämme geworfen. Wenn die Klause angeschlagen wurde, schwemmte sie wie in einem Sturzbach das Holz zu Tal in den Fluss.

Hölzerne **Rechen**, die bei der Saline über den Fluss gespannt wurden, hielten das treibende Holz auf. Es wurde geborgen und kam auf einen Scheiterplatz zum Trocknen.

Deicheln sind 4–4,5 Meter lange, gerade Fichtenstämme, die der Länge nach durchbohrt und zusammengesteckt wurden, um die Sole in einer frühen Pipeline zur weit entfernten Saline zu leiten.

In **Brunnhäusern** wurde die bergabfließende Sole mit **Aufschlagpumpen** bis zu 60 Meter hinauf gepumpt, woraufhin sie von dort dann wieder lange bergab fließen konnte, ihrem Bestimmungsort entgegen. Auf diese Weise wurden im 17. und 18. Jahrhundert auch große Höhenunterschiede überwunden.

Später setzte man die sogenannte **Wassersäulenmaschine** des Erfinders und Ingenieurs Georg von Reichenbach ein, die etwa die dreifache Menge an Wasser durch die Rohre nach oben drücken konnte. Reichenbach war auch ein Wegbereiter der Dampfmaschine und Mitbegründer der Optomechanischen Industrie.

Schifftransport

Die **Zille** ist ein meist aus Nadelhölzern gebautes Schiff, das für die Fahrt auf Flüssen zugeschnitten ist. Sie hat geringen Tiefgang und einen flachen Boden, was bei niedrigem Wasserstand der Flüsse, vor allem im Sommer, sehr wichtig ist. Ihre Länge variiert, je nach Einsatz, stark, von etwa fünf bis rund 30 Metern Länge und einer Breite von bis zu siebeneinhalb Metern bei geraden Seitenwänden. Sie wurde oft als Sechser-, Achter- bzw. Zehnerzille bezeichnet, je nachdem, wie viele Bodenplanken eingezogen waren. Eine Bodenplanke maß für gewöhnlich einen Schuh, also etwa 25–35 Zentimeter. Je nach Bedarf, das heißt, je nach Flusstrecke, die das Schiff zurücklegen musste, wurden verschiedene Zillen eingesetzt. Es musste immer wieder umgeladen werden. Von Stadl-Paura etwa war die Fahrt auf Traun und Donau eher ruhig, es wurden große Zillen eingesetzt.

In Gmunden wurden die **Fallzillen** beladen, extra stark gebaute Schiffe, die eine Fahrt über den Traunkanal aushalten konnten. Die Zille läuft vorne, manchmal auch hinten spitz zu. Die größeren Zillen haben einen hausartigen Aufbau zum Schutz der Ladung und lange Ruderbäume in Fahrtrichtung.

Scheiterzillen, oft auch **Plätten** genannt, sind nicht sehr solide gebaut, sie werden nach Löschen der Ladung am Zielort als Brennholz verkauft – was den Holzmangel in den Salinenwäldern zusätzlich förderte.

Zillen wurden oft nach dem Ort ihrer Entstehung benannt: Die **Kelheimerin** zum Beispiel konnte zwei Tonnen Zuladung aufnehmen und wurde vor allem auf der Donau eingesetzt. Der **Hallasch** war deutlich kleiner und fuhr auf der Salzach. Der Name weist auf seinen Entstehungsort Hallein hin.

Orte, die an den frequentierten Schifffahrtswegen lagen, verfügten oft über mehrere, zuweilen für ihre Leistungen bekannte **Schopperwerkstätten**, wie die Werften damals genannt wurden. Auch die Schiffswerften lebten vom Salztransport.

Die großen und schweren Schiffe wurden auch für den sogenannten **Gegentrieb** eingesetzt. Nach Löschung der Salzladung wurden die für die Salinenarbeiter lebensnotwendigen Lebensmittel eingeladen und stromaufwärts transportiert. Um die Schiffe, es waren mehrere, zu ziehen, setzte man auf die Kraft von bis zu 50 Pferden.

Literatur und Quellen

Aberle, Andreas: Nahui, in Gotts Nam! Schiffahrt auf Donau und Inn, Salzach und Traun, Rosenheim 1974.

Baumgartner, Hans: „Gleichwie der Inn fliest alls dahin". Wasserburger Lesebuch, Wasserburg 1988.

Bergier, Jean-Francois: Die Geschichte vom Salz, Frankfurt/New York 1999.

Butz, Ursula: Habsburg als Touristenmagnet. Monarchie und Fremdenverkehr in den Ostalpen 1820–1910, Wien 2021.

Canz, Sigrid (Hg.): Große Welt reist ins Bad 1800–1914, München 1980.

Denhez, Fréderic: Der Weg des Weißen Goldes. Eine Kulturgeschichte des Salzes, Paris 2006.

Dopsch, Heinz / **Heuberger,** Barbara / **Zeller,** Kurt W. (Hg.): Salz. Publikation zur Salzburger Landesausstellung, Salzburg 1994.

Familienverband der Salzgeber / Vorarlberger Walservereinigung (Hg.): Salzgeber. Eine alpenländische Chronik. II: Salz – das weisse Gold, Teil A, Bregenz 1980.

Freund, René. Aus der Mitte. Skizzen aus dem Salzkammergut, Wien 1998.

Freundl, Stefan: Salz und Saline, Rosenheim 1978.

Ganghofer, Ludwig: Der Mann im Salz, Musaicum Books 2022. [Roman aus dem Anfang des 17. Jahrhunderts]

Grieser, Dietmar: Nachsommertraum im Salzkammergut, Frankfurt/Leipzig 1996.

Haslinger, Adolf (Hg.): Salzburg. Reisebuch, Frankfurt/Leipzig 1993.

Heyn, Hans (Red.): Der Inn. Vom Engadin ins Donautal. Ein Gletscherfluss der Alpen und seine faszinierende Geschichte von der Urzeit bis heute. Katalog zur Dreiländer-Ausstellung vom 4. Mai bis 5. November 1989, Rosenheim 1989.

Hofmannsthal, Hugo von: Das Dorf im Gebirge. In: Simplicissimus. Illustrierte Wochenschrift, 1. Jg., Nr. 34 (21. November 1896), S. 3.

Hubensteiner, Benno: Land vor den Bergen, Essays. 2. Auflage, München 1970.

Huttner, Karl / **Grassmann,** Günther: Land zwischen Salzach und Inn, Simbach am Inn o. J.

Komarek, Alfred: Ausseerland. Die Bühne hinter den Kulissen, Wien 1992.

Komarek, Alfred: Salzkammergut. Reise durch ein unbekanntes Land, Wien 1994.

Komarek, Alfred: Salz & Österreich. Ein Mineral macht Geschichte, Wien 2022.

Kos, Wolfgang / **Krasny,** Elke (Hg.): Schreibtisch mit Aussicht. Österreichische Schriftsteller auf Sommerfrische, Wien 1995.

Lohrengel, Gabriele und Heinrich: 100 Jahre Salzstreuer. Der Markgrafsche Hof – Museum Gradleben e. V. o. J.

Meyhöfer, Annette: Eine Wissenschaft des Träumens. Sigmund Freud und seine Zeit, München 2007.

Němcová, Božena: Salz ist kostbarer als Gold. In: Dies., Das goldene Spinnrad und andere Märchen. Leipzig 1960, S. 69–79.

Noé, Heinrich: Seinerzeit in den Bergen, Rosenheim 1981.

Sayn-Wittgenstein, Franz Prinz zu: Der Inn. Vom Engadin durch Tirol nach Bayern. 3. Auflage, Passau 1971.

Steiner, Johann: Der Reisegefährte durch die Oesterreichische Schweitz oder das ob der ennsische Salzkamergut: in historisch, geographisch, statistisch, kammeralisch und pitoresker Ansicht; ein Taschenbuch zur geseeligen Begleitung in diesen Gegenden, Linz 1820.

Strässle, Thomas: Salz. Eine Literaturgeschichte, München 2009.

Tiroler Landesmuseum (Hg.): Silber, Erz und weisses Gold. Bergbau in Tirol, Schwaz, Franziskanerkloster und Silberbergwerk, 20. Mai bis 28. Oktober 1990, Innsbruck 1990.

Treml, Manfred / **Riepertinger,** Rainhard / **Brockhoff,** Evamaria (Hg.): Salz macht Geschichte. Ausstellungskatalog, Augsburg 1995.

Links

www.habsburger.net

www.kurapotheke.at

Ilse Retzek-Wimmer, Sigmund Freud in Bad Ischl, Blog-Beitrag vom 12.3.2020, vgl. https://badischl.salzkammergut.at/bad-ischl-blog/sigmund-freud-in-bad-ischl.html (zuletzt abgerufen am 15.1.2024).

Tobias Kühn, Wo der Kaiser kurte, in: Jüdische Allgemeine online vom 7.1.2024, vgl. www.juedische-allgemeine.de/juedische-welt/wo-der-kaiser-kurte/ (zuletzt abgerufen am 15.1.2024).

Diverse Links zu den einzelnen Ausflugszielen (Salzbergwerken, Museen uvm.) finden sich direkt in den Abschnitten „Ausflugstipps“ in den entsprechenden Buchkapiteln.